SYNOPSIS

DES ANIMAUX ET DES VÉGÉTAUX FOSSILES

OBSERVÉS DANS LES FORMATIONS SECONDAIRES

DE LA CHARENTE, DE LA CHARENTE-INFÉRIEURE ET DE LA DORDOGNE,

PAR

H. COQUAND,

Professeur de Géologie et de Minéralogie à la Faculté des Sciences de Marseille, Licencié en droit, Correspondant du Ministre de l'Instruction Publique, Membre de la Société Géologique de France, des Académies impériales d'Aix, de Besançon, de Lyon, de la Rochelle et de l'Yonne, Membre honoraire de la Société d'Émulation du Doubs, de Monbéliard, de la Société d'Agriculture du Doubs, de la Société Archéologique de Besançon, de la Société des Naturalistes Suisses, de l'Institut Impérial et Royal de Vienne, etc., etc.

MARSEILLE.

TYP. ET LITH. BARLATIER-FEISSAT ET DEMONCHY,
PLACE ROYALE, 7 A.

1860.

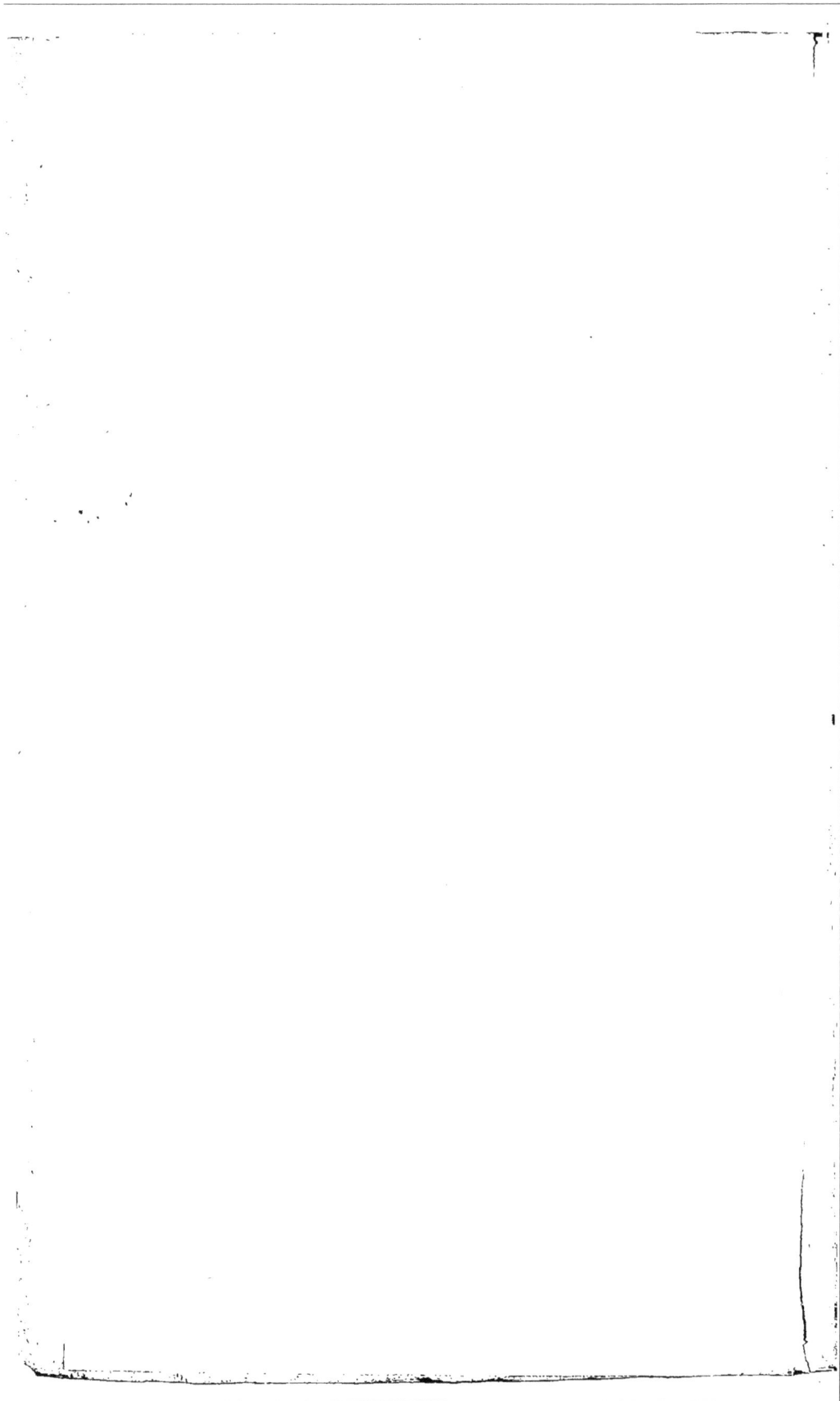

CATALOGUE RAISONNÉ

ou

SYNOPSIS

DES FOSSILES OBSERVÉS DANS LES FORMATIONS SECONDAIRES DES DEUX-CHARENTES ET DE LA DORDOGNE.

Je ne connais point de contrées qui présentent un intérêt plus grand que celle du sud-ouest de la France au point de vue des richesses paléontologiques. Les divers niveaux de *rudistes* que l'on y remarque dans les terrains crétacés , la parfaite conservation et le nombre prodigieux des individus qui y sont enfouis , font, surtout de ces derniers terrains, un des termes exceptionnels de la formation secondaire auquel il serait difficile de rien comparer d'équivalent dans le monde entier. On sait qu'il n'est plus possible aujourd'hui de séparer l'étude des fossiles de la géologie proprement dite , puisqu'il est bien démontré que le caractère minéralogique seul est impuissant pour la détermination absolue des divers étages qui se succèdent dans un rayon d'une certaine étendue. C'est là une vérité qui est bien comprise et dont les statistiques de l'Aube , par M. Leymerie , de la Meuse , par M. Buvignier, les catalogues des fossiles des Bouches-du-Rhône , par M. Matheron , de la Sarthe , par MM. Cotteau et Triger et de l'Yonne, par M. Cotteau , ont

1861

démontré tous les avantages, en vulgarisant par de bonnes descriptions et par de bonnes figures la connaissance des fossiles, et par conséquent, de la géologie des départements qu'ils ont décrits.

Ces monographies ont le privilége, en outre, de renseigner d'une manière plus précise sur la distribution et la position réelle que les fossiles occupent dans la série des couches et d'éviter les nombreux écueils contre lesquels échouent souvent tous les traités généraux de paléontologie, dont les auteurs sont obligés de recourir le plus souvent à des indications inexactes sur la station des espèces qu'ils n'ont pu recueillir eux-mêmes, et propagent, par suite de ces renseignements trompeurs, des erreurs dont les progrès de la science se ressentent longtemps. Aussi je dois avouer que je n'ai rien négligé pour échapper, autant qu'il était en mon pouvoir, à ce grave inconvénient, et pour rendre aussi complet que possible le synopsis qui fait l'objet de ce travail, et dont la confection a exigé de longues et pénibles recherches.

Je dois faire observer que le nombre des espèces que je signale, quoique étant déjà très-considérable, est loin d'avoir atteint ses dernières limites. Les deux Charentes ont été peu fouillées encore; mais les précieuses découvertes faites par M. de Rochebrune, autour d'Angoulême, et celles de MM. Arnaud et Boreau, dans les environs de Cognac, laissent entrevoir quelles seront plus tard les richesses paléontologiques du sud-ouest, lorsque des observateurs plus nombreux auront étendu leurs recherches sur tous les points d'une contrée qu'on peut considérer dès aujourd'hui comme la région classique et le type le mieux développé, sous le rapport du nombre des espèces fossiles, le la craie supérieure.

Pour dresser notre catalogue, nous avons puisé dans toutes les sources connues. Nous avons eu à notre disposition, outre les matériaux que nous avons rassemblés nous-même, et qui sont fort abondants, les collections de MM. de Nanclas, de Rochebrune, Boucheron, Arnaud, Boreau, Condamy et Bauga, de la Charente, des Musées de la Rochelle et de Pons ; celles de MM. Marrot et Harlé, déposées à l'École des Mines. M. Hébert, qui a visité dernièrement les Charentes et la Dordogne, et M. Michelin, dont l'obligeance est si bien connue de tous les géologues, ont bien voulu me communiquer, celui-ci, ses magnifiques séries d'échinodermes, et le premier, les nombreux spécimens qu'il a rapportés de son voyage. Les ouvrages paléontologiques de d'Orbigny, de Desor, de Cotteau, nous ont fourni aussi un grand nombre d'indications dont nous avons enrichi nos listes. Nous ne nous dissimulons pas que plusieurs rectifications, surtout pour les Bryozoaires, ainsi que des additions ultérieures, pourront les modifier dans quelques-uns de leurs détails ; mais nous demeurons bien convaincu que le fond de notre cadre et de nos faunes n'en subsistera pas moins, malgré les modifications qui pourront survenir, et que, surtout pour notre étage campanien qui correspond à la craie blanche, il restera ce fait bien établi, que la craie blanche de Meudon, laquelle a été considérée jusqu'à ce jour comme le prototype de l'étage et dont la pauvreté de la faune ne le cède qu'à celle des marnes irisées de la France, a perdu le droit de prétendre à la suprématie qu'elle avait usurpée, en présence de la craie blanche du sud-ouest, que le grand nombre, la variété et la spécialité de ses fossiles placent sur le premier rang.

Au surplus, les divers travaux récents dont la formation

crétacée du sud-ouest a été l'objet dans ces dernières années sous le rapport des divers horizons géologiques que nous en avons tracé, et dont l'établissement intéresse la formation crétacée du monde entier, indiquent à la fois l'importance du sujet et la large part qui revient au sol du département de la Charente dans les nouveaux progrès qui ont marqué la marche des sciences géologiques et paléontologiques.

Synopsis des animaux et des végétaux fossiles observés dans les terrains stratifiés du Sud-Ouest de la France (Charente, Charente-Inférieure et Dordogne.)

I. FORMATION JURASSIQUE.

A. ÉTAGE DU GRÈS INFRALIASIQUE.

MOLLUSQUES. — Gastéropodes.

Natica subangulata, d'Orbigny, *Prodrome de Paléontologie*, t. I, p. 214, n° 47.
Cherves.

Turbo litorinæformis, Kock, *Beitr.*, p. 27, pl. I, fig. 16.
Cherves.

Cerithium subturritella, d'Orb., *Prodr.*, t. I, p. 215, n° 58.
Cherves.

Acéphales.

Lima edula, d'Orb., *Prodr.*, t. I, p. 219, n° 121.
Cherves.

B. ÉTAGE DU LIAS INFÉRIEUR.

(Cet étage, dans le Sud-Ouest, étant entièrement dolomitique ne m'a présenté aucun corps organisé fossile.)

C. ÉTAGE DU LIAS MOYEN.

MOLLUSQUES. — Céphalopodes.

Belemmites niger, Lister. d'Orb., *Paléontologie française*, t. I, p. 84, pl. 6-7, fig. 15.
Contedour, Nanteuil, Saint-Claud, Chantresac, Ruffec-Vieux, La Saille, Romazières.

— Bruguieri, d'Orb., *Pal. fr.*, t. I, p. 84, pl. 7, fig. 1-5.
Chantresac, Saint-Claud.

Nautilus intermedius, Sow., *Min. conchy.*, t. II, p. 53. pl. 125.
Romazières, Saint-Claud.
Ammonites spinatus, Brug., *Encycl. méth.*, t. I, p. 40, n° 14. –
d'Orb, *Pal. fr.*, t. I, p. 207, pl 52.
Alloue, Chavagnac (Dordogne).
— **planicosta**, Sow., *Min. conch.*, t. II, p. 167, pl. 73.
Alloue, Romazières, Chavagnac.
— **margaritatus**. Montfort, *Conch. syst.*, p. 90. — D'Orb., *Pal. fr.*, t. I, p. 246, pl. 67 et 68.
Nanteuil, Contedour.
— **Henleyi**, Sow., *Min. conch.*, t. II, p. 164, pl. 172.
Romazières, Chavagnac.
— **fimbriatus**, Sow., *Min. conch.*, t. II, p. 145, pl. 164.
Romazières, La Saille.

Gastéropodes.

Pleurotomaria expansa, d'Orb., *Pal. fr.*, t. II, p. 413, pl. 352, fig. 1-4.
Alloue, Chavagnac.

Acéphales.

Pholadomya ambigua, Sow., *Min. conch.*, t. III, p. 448, pl. 227.
Romazières, Chavagnac.
— **Urania**, d'Orb., *Prodr.*, t. I, p. 233, n° 143.
Chantresac.
Lyonsia donaciformis, d'Orb., *Prodr.*, t. I. p. 234, n° 147.
Alloue.
— **unioïdes**, d'Orb., *Prodr.*, t. I, p. 234, n° 148.
Alloue.
Leda acuminata, d'Orb., *Prodr.*, t. I, p. 234, n° 151.
Saint-Claud.
Cardium truncatum, Sow., *Min. conch.*, t. VI, p. 104, pl. 553, fig. 3
Romazières, Chantresac.
Mytilus scalprum, d'Orb., *Prodr.*, t. I, p. 236, n° 193.
Romazières, Ruffec-Vieux, Chavagnac.
Lima punctata, Desh.
Contedour, Nanteuil.
— **Hermanni**, Voltz, Goldf., *Petrefacta Germaniæ*, t. II, p. 80, pl. 100, fig. 5.
La Saille.
Avicula substriata, Ziet., p. 93, pl. 69, fig. 9.
Romazières.
— **cygnipes**, Philips, *Yorkshire*, pl. 14, fig. 3.
Romazières, Contedour

Pecten disciformis, Schübler, Zieten, p. 69, pl. 53, fig. 2.
Romazières, Chantresac.

— **æquivalvis**, Sow., *Min. conch.*, t. II, pl. 136, fig. 1.
Ruffec-Vieux, Nanteuil, Romazières, Contedour, Chantresac, St-Claud, Ambernac, La Saille, Alloue, Chavagnac.

Plicatula spinosa, Sow., *Min. conch.*, t. III, p. 79, pl. 245.
Ruffec-Vieux.

Ostrea cymbium, d'Orb., *Prodr.*, t. I, p. 238, n° 247.
Alloue, Contedour, Ruffec-Vieux, Chavagnac.

— **obliquata**, Sow.
Alloue.

Brachiopodes.

Rhynchonella variabilis, d'Orb., *Prodr.*, t. I, p. 238, n° 220.
Contedour, Chantresac.

Terebratula lampas, Sow., *Min. conch.*, t. I, p. 222, pl. 101, fig. 3.
Contedour, Alloue.

— **numismalis**, Lam., *Anim., sans vert.*, t. VI, p. 249.
Romazières, Alloue, La Saille.

Rayonnés. — Echinodermes.

Pentacrinus basaltiformis, Miller, *Crinoïd.*, p. 62, pl. 2, fig. 2-6.
Romazières, Chantresac, Alloue, Contedour, Nanteuil,
Ruffec-Vieux.

D. ÉTAGE DU LIAS SUPÉRIEUR.

Vertébrés. — Reptiles.

Ichthyosaurus, vertèbre.
Alloue.

Poissons.

Dents . . . .
Saint-Gervais.

Mollusques. — Céphalopodes.

Belemnites brevis, Blainv., *Bélem.*, p. 86, n° 26, pl. 3, fig 2.
Saint-Gervais, Montbron.

— **tricanaliculatus**, Hartm., d'Orb., *Pal. fr.*, t. I, p. 99, pl.
11, fig. 4-5.
Montbron, Nanteuil

— **curtus**, d'Orb., *Pal. univ.*, pl. 42, fig. 4-6.
Nanteuil.

— **irregularis**, Schloth., *Taschenb.*, t. VII, p. 70, pl. 3, fig. 2.
St-Claud, St-Gervais, Nieul.

Belemnites compressus, Blainv.
Nanteuil.

Nautilus toarcensis, d'Orb., *Prodr.*, t. I, p. 245, n° 23.
Nanteuil.

Ammonites serpentinus,Schloth., d'Orb., *Pal. fr.*, t. I, p. 215, pl. 55.
Nanteuil, St-Gervais.

— **bifrons,** Brug., d'Orb., *Pal. fr.*, t. I, p. 219, pl. 56.
St-Gervais, Saint-Claud.

— **radians,** Schloth., d'Orb., *Pal. fr.*, t. I, p. 226, pl. 59.
St-Gervais, Alloue, St-Claud, Montbron.

— **Levesquei,** d'Orb., *Pal. fr.*, t. I, p. 230, pl. 60.
Nanteuil.

— **cornucopiæ,** Young, d'Orb., *Pal. fr.*, t. I, p.316, pl. 99.
St-Gervais.

— **primordialis,,** Schlot., d'Orb., *Pal. fr.*, t. I, p. 235, pl. 62
Montbron, St-Gervais, Nanteuil.

— **aalensis,** Ziet., d'Orb., *Pal. fr.*, t. I. p. 238, pl. 63.
Neuil, St-Gervais, St-Claud, Nanteuil.

— **jurensis,** Zieten, d'Orb., *Pal. fr.*, t. I, p. 318, pl. 100.
St-Gervais

— **Raquieni,** d'Orb., *Pal. fr.*. t. I, p. 332, pl. 106.
Nanteuil.

— **communis,** Sow., d'Orb., *Pal. fr.*, t. I, p. 336, pl. 108.
Alloue.

— **insignis,** Schübler, d'Orb., *Pal. fr.*, t. I, p. 347, pl. 112.
Montbron, Alloue.

— **variabilis,** d'Orb., *Pal. fr.*, t. I. p. 350, pl. 113.
Montbron.

— **concavus,** Sow., d'Orb., *Pal. fr.*, t. I, p. 358, pl. 116.
St-Gervais, Ambernac.

Gastéropodes.

Chemnitzia Repelini, d'Orb., *Prodr.*, t. I, p.247, n° 60.
Montbron.

Purpurina Philiasus, d'Orb., *Pal. fr.*, t. II, pl. 329, fig. 12-14.
Montbron, Alloue.

Trochus Guilhoti, H. Coquand.
Haut : 22^mm, long. du dernier tour 20^mm. Coquille presque aussi large que haute, turriculée, non-ombiliquée : spire régulière, composée de 7 tours excavés, saillants les uns au-dessus des autres, pourvue en travers de côtes régulièrement obliques, rayonnant du sommet de la spire vers le bord où elles se terminent par une pointe aiguë, moins

fortement indiquée dans les deux derniers tours où les
pointes sont très-saillantes. Dans leur intervalle il existe
de petites lamelles obliques transverses. Le dernier tour est
concave en-dessus et découpé en dents de scie sur les
bords par une série de pointes qui font saillie. Le milieu
est lisse. Bouche très-déprimée, allongée transversalement.

Cette jolie espèce a quelques analogies avec les T. *helia-
cus* et *ornatissimus* d'Orb.; mais elle se distingue du premier par l'absence d'ombilic et sa forme étagée, et de la
seconde par les mêmes caractères, mais surtout par la
concavité de son dernier tour.

J'ai recueilli cette espèce à St-Gervais, dans les bancs
les plus supérieurs du lias, associée à l'*Ammonites aalensis*
et à l'*Ostrea pictaviensis*. Je me fais un plaisir de la dédier
à M. Guilhot auquel je suis redevable de très-bonnes indications sur les gisements fossilifères des environs de Champagne-Mouton.

Pleurotomaria intermedia, Goldf., *Petr. Germ.*, t. III, p. 70. pl. 185,
fig. 1, 2.
St-Gervais.

Acéphales.

Pholas toaroencis, d'Orb., *Prodr.*, t. I, p. 254, n° 245.
St-Gervais.
Lima pectinoïdes, Desh.
Nanteuil.
Pecten pumilus, Lam., *Anim. sans vert.*, t. VI, p. 183.
St-Gervais.
— **velatus**, Goldf., *Petr. Germ.* t. II, p. 45. pl. 90, fig. 2.
Nanteuil.
Ostrea pictaviensis, Hébert, *Bull. Soc. géol.*
St-Gervais, Nanteuil, Neuil. Alloue.
— **subauricularis**, d'Orb., *Prodr.*, t. I, p. 257. n° 262.
St-Gervais.
— **Erina**, d'Orb., *Prodr.*, t. I, p. 257. n° 263.
St-Gervais.

Brachiopodes.

Rhynchonella tetraedra, d'Orb., *Prodr.*, t. I, p. 258, n° 265.
St-Claud.
— **fidia**, d'Orb., *Prodr.*, t. I, p. 258. n° 267.
Alloue.
Terebratula sarthacensis, d'Orb., *Prodr.*, t. I. p. 258. n° 270.

RAYONNÉS. — Echinodermes.

Pentacrinus vulgaris, Schloth.
St-Gervais.

E. ÉTAGE JURASSIQUE INFÉRIEUR.

(Il comprend toutes les couches placées entre le lias
supérieur et l'étage kellovien. Le peu de développement
de ce système dans la Charente ne nous a pas permis d'y
établir des divisions basées suivant la différence des faunes.)

MOLLUSQUES. — Céphalopodes.

Belemnites giganteus, Schloth.. d'Orb., *Pal. fr.*, t. I, p. 112, pl. 14, 15.
St-Gervais.
— **Blainvillei**, Voltz, Oppel, *Dei Jura form.*, p. 364.
St-Laurent-de-Céris, St-Coutant, Nanteuil, Champagne-
Mouton, Vitrac.
— **canaliculatus**, Schloth, d'Orb., *Pal. fr.*, t, I, p. 109, pl. 13,
fig. 1-5.
Cluseau près Chantresac, St-Vincent, Nanteuil, Cham-
pagne-Mouton, Chasseneuil.
Nautilus excavatus, Sow., d'Orb., *Pal. fr.*, t. I, p. 154, pl. 30.
Cluseau, St-Laurent-de-Céris.
— **lineatus**, Sow., d'Orb., *Pal.fr.*, t. I, p. 155, pl. 31, fig. 3-5.
Cluseau, Vitrac.
— **clausus**, d'Orb., *Pal. fr.*, t. I, p. 158., pl. 53.
Cluseau.
Ammonites Truellei, d'Orb., *Pal. fr.*, t. I., p. 361, pl. 117.
Cluseau.
— **subradiatus**, Sow., d'Orb., *Pal. fr.*, t, I, p. 362, pl. 113.
Nanteuil, St-Gervais, Cluseau, St-Claud
— **Sowerbyi**, Miller, d'Orb., *Pal. fr.*, t. I, p. 363, pl. 119.
St-Gervais, Nanteuil.
— **Murchisonæ**, Sow., d'Orb., *Pal. fr.*, t. I, p. 367, pl. 120.
Cluseau, Nanteuil.
— **interruptus**, Brug.
A. Parkinsoni. Sow., *Pal. fr.*, t. I, p. 374, pl. 122.
St-Claud, Champagne-Mouton, Chasseneuil, St-Mary.
— **polymorphus**, d'Orb., *Pal. fr.*, t. I, p. 379, pl. 124.
Nanteuil.
— **Martiusii**, d'Orb., *Pal. fr.*, t. I, p. 381, p. 125.
St-Claud.

Ammonites Humphriesianus, Sow., d'Orb., *Pal. fr.*, t. I. p. 398, pl. 133, 134.

Mallerant, St-Claud, Ruffec-Vieux, St-Gervais.

— **Brongnartii**, Sow., d'Orb., *Pal. fr.*, t. I, p. 403, pl. 137. St-Claud.

— **discus**, Sow., d'Orb., *Pal. fr.*, t. I, p. 394, pl. 131. Chasseneuil.

— **Sauzei**, d'Orb, *Pal. fr.*, t. I, p. 407, pl. 139. St-Gervais.

— **arbustigerus**, d'Orb. *Pal. fr.*, t. I, p. 414, pl. 143. Nanteuil, St-Gervais.

Ancyloceras Guilhoti, H. Coq.

Diam. 90 mm. sur 65.

Partie spirale très-régulière, à tours lâches, très-disjoints, subcylindriques, ornée en travers de côtes obliques, très-saillantes, inégalement espacées, allant en grossissant et pourvues sur toutes les parties de deux rangées de tubercules de chaque côté du dos. On remarque un troisième tubercule moins nettement accusé que les deux précédents, plus allongé et formé par le renflement de chaque côté. Les côtes s'atténuent sensiblement sur la région ventrale, où elles s'infléchissent en avant, en disparaissant presque entièrement. Outre leur espacement inégal, elles ne sont pas toutes de même force; il existe une espèce d'alternance entre des côtes plus fortes et des côtes plus faibles. Cette espèce a été découverte par M. Guilhot près de St-Laurent-de-Céris.

Toxoceras Orbignyi, Baug. et Sauzé, *Note sur quelques coq.*, p. 6, pl. 1, fig. 1-4.

St-Laurent-de-Céris.

Gastéropodes.

Chemnitzia coarctata. d'Orb., *Prodr.*, t. I, p. 263, n° 49. Nanteuil.

— **niortensis**, d'Orb., *Pal. fr.*, t. II, p. 48, pl. 242, fig. 1, 2. Champagne-Mouton.

Natica adducta, Phillips, p. 129, pl. 11, fig. 35. St-Claud.

Turbo ornatus, Sow., *Min. conch.*, t. III, p. 69, pl. 240, fig. 1. St-Gervais.

— **Bathis**, d'Orb., *Prodr.*, t. I, p. 266, n° 96. St-Claud.

Pleurotomaria ornata, d'Orb., *Prodr.*, t. I, p. 267. n° 120'. St-Gervais.

Pleurotomaria Baugieri, d'Orb., *Prodr.*, t. 1, p. 267, n° 124.
St-Gervais.
— Antiopa, d'Orb., *Prodr.*, t. I, p. 268, n° 134'.
St-Gervais,
Cerithium Ajax, d'Orb., *Prodr.*, t. I, p. 271, n° 177
Nontron (Dordogne).

Acéphales.

Panopæa subelongata, d'Orb., *Prodr.*, t. I, p. 272, n° 208.
Nanteuil.
— tenuistria, d'Orb., *Prodr.*, t. I, p. 273, n° 212.
Nanteuil.
Pholadomya obtusa, d'Orb., *Prodr.*, t. I, p. 274, n° 228.
Cluseau.
— Aspasia, d'Orb., *Prodr.*, t. I, p. 274, n° 231.
Vitrac.
Lyonsia abducta, d'Orb., *Prodr.*, t. I, p. 274, n° 244.
St-Claud, St-Mary.
Ceromya bajociana, d'Orb., *Prodr.*, t. I, p. 275, n° 252.
Nanteuil.
Tellina Delanouei, d'Orb., *Prodr.*, t. I, p. 275, n° 262.
Nontron.
Opis semilis, d'Orb., *Prodr.*, t. I, p. 276, n° 266.
Nanteuil.
Astarte obliqua, Desh., *Traité de Conch.*, p. 14, pl. 22, fig. 11, 12.
Nanteuil.
— detrita, Goldf, *Petref. Germ.*, pl. 134, fig. 13.
St-Gervais.
— cordiformis, Desh., *Mag. de Zool.*, pl. 8.
St-Gervais.
Cypricardia cordiformis, Desh., *Traité de Conch.*, p. 16, pl. 24,
fig. 12, 13.
St-Gervais.
Trigonia costata, Park.
St-Gervais.
— striata, Sow., *Min. Conch.*, t. III, p. 63, pl. 237, fig. 1, 2.
St-Gervais.
Unicardium incertum, d'Orb., *Prodr.*, t. I, p. 279, n° 323.
St-Gervais.
— cognatum, Phill., p. 122, pl. 9, fig. 14.
St-Gervais.
Isocardia bajocensis, d'Orb., *Prodr.*, t. I, p. 280, n° 336.
St-Gervais.

Arca oblonga, Goldf.
St-Gervais.
Myoconcha crassa, Sow., *Min. Conch.*, t. V., pl. 467.
Nanteuil, Cluseau.
Mytilus reniformis, d'Orb., *Prodr.*, t. I, p. 282, n° 379.
St-Laurent-de-Céris.
Lima proboscidea, Sow., *Min. Conch.*, t. III, p. 115, pl. 264.
St-Gervais, Cluseau.
— **heteromorpha**, Deslongch.
Cluseau, St-Laurent-de-Céris.
Pecten virguliferus, Phill., *Yorks.*, p. 128, pl. 44, fig. 20.
St-Gervais.
— **Silenus**, d'Orb., *Prodr.*, t. I, p. 284, n° 421.
Cluseau.
— **vagans**, Sow., *Min. conch.*, t. VI, p. 81, pl. 543, fig. 3-5.
Ste-Catherine près Montbron, La Tache.
Ostrea Phœdra, d'Orb., *Prodr.*, t. I, p. 285, n° 434.
Nanteuil.
— **costata**, Sow., *Min. conch.*, t. V, p. 143, pl. 488, fig. 3.
La Tache.
— **obscura**, Sow., *Min. conch.*, t. V, p. 143, pl. 488, fig. 2.
La Tache.

Brachiopodes.

Rhynchonella quadriplicata, d'Orb., *Prodr.*, t. I, p. 286, n° 438.
St-Gervais.
— **bajociana**, d'Orb., *Prodr.* t. I, p. 286, n° 441.
St-Gervais.
— **concinna**, d'Orb., *Prodr.* t. I, p. 315, n° 343.
Ste-Catherine.
Terebratula sphæroïdalis, Sow., *Min. conch.*, t. V, p. 49, pl. 435, fig. 3.
St-Coutant, St-Laurent-de-Céris, Chasseneuil, Vieux-Cérier, Champagne-Mouton, Yvrac.
— **perovalis**, Sow, *Min. conch.*, t. V, p. 51, pl. 436, fig. 2-3.
St-Gervais, Cluseau, St-Vincent.
— **maxillata**, Sow., *Min. conch.*, t. V, p. 51, pl. 436, fig. 4.
La Tache.
— **digona**, Sow., *Min. conch.*, t. I, pl. 96.
Ste-Catherine, La Tache.
— **coarctata**, Park., *Org. rem.*, t. III, pl. 16, fig. 5
La Brousse près Montbron.

Bryozoaires.

Diastopora microstoma, Michel, *Icon.*, p. 243, pl. 57, fig. 1.
   La Brousse.
— verrucosa, Edw., *Ann. scien. nat.*, pl. 14, fig. 2.
   La Brousse.
Bidiastopora cervicornis, d'Orb., *Prodr.*, t. I, p. 317, n° 377.
   La Brousse.
Entalophora abbreviata, d'Orb., *Prodr.*, t. I, p. 318, n° 385.
   La Brousse.

Rayonnés. — Échinodermes.

Clypeus patella, Agas., cat. p. 98.
   Chatelard (dans silex roulés).
Apiocrinus Parkinsoni, d'Orb., *Crinoïd.*, p. 25, pl. 4, fig. 9-16.
   La Brousse, La Tache.

Zoophytes.

Eunomia radiata, Lamour., *Exp. méth. des polyp.*, p. 83, pl. 81, fig.
   10-11.
   La Brousse.
Monticulipora pustulosa, d'Orb., *Prodr.*, t. 1, p. 323, n° 469.
   La Brousse.
Ceriopora ramosa, d'Orb., *Prodr.*, t. I, p. 323, n° 474.
   La Brousse.
Millepora Michelini, d'Orb., *Prodr.*, t. I, p. 324, n° 468.
   La Brousse.

F. ÉTAGE KELLOVIEN.

Mollusques. — Céphalopodes.

Belemnites latèsulcatus, d'Orb., *Ter. jur. suppl.*, pl. 3, fig. 3-8.
   St-Sauveur, près Marthon.
Ammonites macrocephalus, Schloth., d'Orb., *Pal. fr.*, t. I, p. 430,
   pl. 151.
   Ruffec, Champagne-Mouton, Beaulieu, Ventouse, Ver-
   teuil, Aizecq.
— Hervei, Sow., d'Orb., *Pal. fr.*, t. I, p. 428, pl. 150.
   Ruffec.
— Backeriæ, Sow., d'Orb., *Pal. fr.*, t. I, p. 424, pl. 149.
   Ruffec, Champagne-Mouton, Bioussac, Oyé, Verteuil.
— crista-galli, d'Orb., *Pal. fr.*, t. I, p. 434, pl. 154.
   Ruffec.
— pustulatus, Haan, d'Orb., *Pal. fr.*, t. I, p. 435, pl. 154.
   Ruffec.

Ammonites subdiscus, d'Orb., *Pal. fr.,* t. I, p. 421, pl. 146.
Ruffec.
— **lunula**, Zieten, d'Orb., *Pal. fr.,* t. I, p. 439, pl. 157.
Ruffec, Champagne-Mouton, Verteuil, Parzac, St-Mary,
Aizecq.
— **athleta**, Phill., d'Orb., *Pal. fr.,* t. I, p. 457, pl. 163, 164.
St-Mary, Parzac.
— **anceps**, Rein., d'Orb., *Pal. fr.,* t. I, p. 462, pl. 166, 167.
Champagne-Mouton, Beaulieu, Ruffec, Oyé, Verteuil,
Ventouse, St-Mary.
— **coronatus,** Brug., d'Orb., *Pal. fr.,* t. I. p. 465, pl. 168, fig. 1-
6-7-8.
Ruffec.
— **tumidus**, Zieten, d'Orb., *Pal. fr.,* t. I, p. 469, pl. 171.
Champagne-Mouton, Beaulieu, Oyé, Verteuil, Ventouse.
— **Jason**, Ziet., d'Orb., *Pal. fr.,* t. I, p. 446, pl. 159, 160.
Marcillac.
— **Duncani**, Sow., d'Orb., *Pal. fr,,* t. I, p. 451, pl. 161, 162.
Marcillac.
— **Banksii**, Sow., *Min. conch.,* t. II. p. 229, pl. 200.
Ruffec.
— **microstoma**, d'Orb., *Pal. fr.,* t. I, p. 413, pl. 142, fig. 3-4.
Ruffec.
— **bullatus,** d'Orb., *Pal. fr.,* t. I, p. 412, pl. 142, fig. 1-2.
Ruffec.

Gastéropodes.

Chemnitzia Mysis, d'Orb. *Pal. fr.,* t. II, p. 52 pl. 242, fig. 8-9.
Ruffec.
— **Bellona**, d'Orb. *Pal. fr.,* t. II, p. 58, pl. 241, fig. 1-2.
Ruffec.
Pleurotomaria Vieilbancii, d'Orb., *Prod.,* t. I, p. 333, n° 87.
Ruffec.

Acéphales.

Mytilus solenoïdes, d'Orb. *Prod.,* t. I, p. 340, n° 193.
Verteuil.
Pecten fibrosus, Sow., *Min. conch.,* pl. 136, fig. 2.
Ste-Catherine, Rancogne, Verteuil,
— **lens**, Sow., *Min. conch.,* t. III, p. 3, pl. 205, fig. 2-3.
Rancogne, Verteuil,

15 —

Brachiopodes.

Rhynchonella quadriplicata, d'Orb., *Prodr.*, t. I, p. 343, n° 235.
Villefagnan.

Terebratula reticulata, Smith., Sow., *Min. couch.*, t. IV, p. 7, pl.
312, fig. 56.
St-Sauveur.

— **bicanaliculata**, Schl., Ziet., p. 54, pl. 40, fig. 5.
Champagne-Mouton, Ventouse, Aizecq, Verteuil, Marcillac.

— **Royeri**, d'Orb., *Prodr.*, t. I, p. 344, n° 246.
Marcillac.

— **pala**, de Buch., *Mém. soc. géol.*, t. III, p. 228, pl. 20, fig. 9.
Villefagnan.

RAYONNÉS. — Échinodermes.

Dysaster ellipticus, Agas., *Cat..* p. 137.
Ruffec, Pardalières, près Ventouse.

G. ÉTAGE OXFORDIEN.

MOLLUSQUES. — Céphalopodes.

Belemnites hastatus, Blainv., d'Orb., *Pal. fr.*, t. 1, p. 121, pl. 18-19.
Villefagnan, Esnandes.

Nautilus granulosus, d'Orb., *Pal. fr.*, t. I, p. 162, pl. 35, fig. 3-5.
Villefagnan, Villedoux, près la Rochelle.

Ammonites cordatus, Sow., d'Orb., *Pal. fr.*, t. I, pl. 193, 194.
Villefagnan.

— **plicatilis**, Sow., d'Orb., *Pal. fr.*, t. I, pl. 191, 192.
Agris, St-Anjeaud, Villefagnan.

— **biplex**, Sow.
Agris, Villefagnan.

— **perarmatus**, d'Orb., *Pal. fr.*, t. I, p. 498, pl. 184, 185.
Villefagnan.

— **canaliculatus**, Münst., d'Orb., *Pal. fr.*, t. I, pl. 129.
Rancogne, Charron.

— **crenatus**, Brug., d'Orb., *Pal. fr.*, t. I, pl. 197, fig. 5-6.
Villefagnan.

— **hecticus**, Hartm., d'Orb., *Pal. fr.*, t. I, pl. 152.
Villefagnan, Rancogne.

— **Henrici**, d'Orb., *Pal. fr.*, t. I, pl. 198, fig. 1-2.
Villefagnan, Courcomme.

— **Eucharis**, d'Orb., *Pal. fr.*, t. I, pl. 198, fig. 3-4.
Villefagnan.

Ammonites oculatus, Béan., d'Orb., *Pal. fr.*, t. I, pl. 200. 201.
Villefagnan.

— **Erato**, d'Orb., *Pal. fr.*, t. I, pl. 201.
Villefagnan.

— **Hermione**, d'Orb., *Prodr.*, t. I, p. 350, n° 47.
Charron (Ch^te Inf^re).

— **marantianus**, d'Orb., *Prodr.*, t. 1, p. 251, n° 53.
Marans.

Gastéropodes.

Phasianella striata, d'Orb., *Ter. jur.*, t. II, p. 322, pl. 324, fig. 15,
pl. 325, fig. 1.
Agris, Loix (Ile de Ré.).

Turbo Meriani, Goldf., *Petr. Germ.*, pl. 193, fig. 16.
Villefagnan.

Pleurotomaria millepunctata, Deslongch., *Mém. soc. de Norm.*, p.
83, pl. 13, fig. 2.
Marsilly.

— **Galatea**, d'Orb., *Prodr.*: t. II, p, 10, n° 150.
Villefagnan.

Acéphales.

Pholadomya litterata, Desh.
La Fougerade, près le pont d'Agris, Marans.

— **acuminata**, Hartm., Zieten., *Petrif.*, p. 87, pl. 66, fig. 1.
Courçon (Ch^te Inf^re).

— **lineata**, Goldf., *Petr. Germ.*, t. II, p. 268, pl. 156, fig. 4.
La Fougerade, St-Anjaud, Courçon.

— **hemicardia**, Ræm., *Ool.*, pl. 9, fig. 8.
La Fougerade, Courçon.

— **exaltata**, Agas., *Etud. crit.*, pl. 4, fig. 7-8.
La Fougerade.

— **polymorpha**, d'Orb., *Prodr.*, t. I, p. 360, n° 202.
Courçon.

— **Mariæ**, d'Orb., *Prodr.*, t. I, p. 360, n° 203.
Villedoux, près la Rochelle.

— **paucicosta**, Ræm., *Oolith.*, pl. 16, fig. 1.
Agris, la Rochelle.

Ceromya alata, d'Orb., *Prodr.*, t. I, p. 364, n° 246.
Marans.

Thracia pinguis, d'Orb., *Prodr.*, t. I, p. 361, n° 218.
Villedoux.

Astarte Panopæ, d'Orb., *Prodr.*, t. I, p. 363, n° 252.
Marans.

Astarte Poppea, d'Orb., *Prodr.*, t. I, p. 363, n° 255.
 Marans.
Trigonia clavellata. Parck., *Org. rem.*, t. III, pl. 12, fig. 3.
 Corgnac, Marans.
 — **monilifera**, Agas., *Etud. crit.*, p. 40, pl. 3, fig. 4-6.
 Marans.
Nucula Electra, d'Orb., *Prodr.*, t. I, p. 367, n° 330.
 Villefagnan, Esnandes.
Pinna sublanceolata, d'Orb., *Prodr.*, t. I, p. 369, n° 363.
 Esnandes.
Gervilia aviculoïdes, Sow., *Min. conch.*, t. VI, p. 16, pl. 511.
 Artenat, Marsilly, près la Rochelle.
Pecten subfibrosus, d'Orb., *Prodr.*, t. I, p. 373, n° 423.
 Corgnac, Grassac, Artenat.
 — **demissus**, Bean., d'Orb., *Prod.*, t. I, p. 373, n° 424.
 Corgnac, Artenat.
 — **vimineus**, Sow., *Min. Conch.*, t. VI, pl. 543, fig. 1-2.
 La Fougerade.
 — **nummularis**, Phillips.
 Esnandets.
Ostrea blandina, d'Orb., *Prodr.*, t. I, p. 375, n° 454.
 Villefagnan.

Brachiopodes.

Rhynchonella Thurmanni, Voltz.
 Corgnac.
Terebratula impressa, Bronn, Ziet., *Wurt.*, pl. 39, fig. 11.
 Villefagnan.
 — **Bernardi**, d'Orb., *Prodr.*, t. I, p. 377, n° 475.
 Villefagnan.
Terebratella pectunculus, d'Orb., *Prodr.*, t. I, p. 377, n° 484.
 Agris.
 — **Fleuriausi**, d'Orb., *Prodr.*, t. II, p. 25. n° 398.
 Loix (Ile de Ré).

Rayonnés. — Échinodermes.

Pentetagonaster Fleuriausi, d'Orb., *Prodr.*, t. I, 381, n° 540.
 Esnandes.
Pentacrinus pentagonalis, Goldf, *Petr. Germ.*, pl. 53, fig. 2.
 Esnandes.

Zoophytes.

Thecosmilia seminuda, d'Orb., *Prodr.*, t. I, p. 385, n° 604'.
 Villefagnan.

H. ÉTAGE CORALLIEN.

ARTICULÉS. — Annelés.

Serpula squamosa, Bean.
Signalée par M. Marrot, à la Pointe-du-Ché.
— **quadrangularis**, Lam.
Pointe-du-Ché.

MOLLUSQUES. — Céphalopodes.

Belemnites Royeri, d'Orb., *Pal. fr.*, t. 1, p. 132. pl. 22.
Pointe-du-Ché, près la Rochelle.
Ammonites Cymodoce, d'Orb., *Pal. fr.*, t. 1, pl. 202, 203.
Dompierre, Belle-Croix, près La Rochelle.
— **radisensis**, d'Orb.. *Pal. fr.*, t. I, pl. 203.
Loix (Ile de Ré).
— **altenensis**, d'Orb., *Ter. jur.*, t. 1, pl. 204.
Belle-Croix, Dompierre.
— **rupelensis**, d'Orb., *Pal. fr.*, t. I, pl. 105.
Belle-Croix.
— **Achilles**, d'Orb., *Pal. fr.*, t. I, pl. 106, 107.
Chenet, La Rochelle, Pointe des Minimes.

Gastéropodes.

Chemnitzia Clio, d'Orb., *Prodr.*, t. II, p. 2, n° 16.
Estré (Char.-Inf.).
— **Callirhoë**, d'Orb., *Prodr.*, t. II, p. 2, n° 22.
Nerinea Mandelslohi, Bronn, *Jahrb.*, pl. 6, fig. 26.
Libourne, Pointe-du-Ché.
— **elatior**, d'Orb., *Prodr.*, t. II, p. 3, n° 33.
Anthieu, La Rochelle.
— **sexcostata**, d'Orb., *Prodr.*, t. II, p. 3, n° 35.
La Rochelle.
— **rupellensis**, d'Orb., *Prodr.*, t. II. p. 3, n° 37.
La Rochelle.
— **altenensis**, d'Orb., *Prodr.*, t. II, p. 3, n° 38.
La Rochelle.
— **depressa**, Voltz, d'Orb., *Pal. fr.*, t. II, p. 104, p. 259.
St-Projet.
— **Desvoidyi**, d'Orb., *Pal. fr.*, t. II, p. 107, pl. 261.
Les Chenets, St-Constant.
— **Clio**, d'Orb., *Pal. fr.*, t. II, p. 139, pl. 275, fig. 3-5
St.-Projet, La Rochelle.

Nerinea inornata, d'Orb., *Prodr.*, t. II, p. 3 , n° 39.
La Rochelle.
— **Defrancii**, Desh., *Moll. de Morée*, pl. 26 , fig. 1.
Libourne, Artenat.
— **umbilicata**, d'Orb., *Prodr.*, t. II , p. 4 , n° 56.
Libourne, Pointe-du-Ché.
Acteonina pupoïdes, d'Orb., *Prodr.*, t. II, p. 6 , n° 85.
La Rochelle.
— **miliola**, d'Orb., *Prodr.*, t. II , p. 6 , n° 86.
Natica grandis, Münst., Goldf., *Petr. Germ.*, pl. 199, fig. 8
Libourne, La Rochelle.
— **Danaë**, d'Orb., *Prodr.*, t. II , p. 6 , n° 88.
La Rochelle.
— **Daphne**, d'Orb., *Prodr.*, t. II, p. 6, n° 89.
La Rochelle.
— **Dejanira**, d'Orb., *Prodr.*, t. II, p. 6, n° 90.
La Rochelle.
— **rupellensis**, d'Orb., *Prodr.*, t. II, p. 6, n° 92.
Libourne, La Rochelle.
— **Doris**, d'Orb., *Prodr.*, t. II, p. 6, n° 94.
La Rochelle.
Turbo princeps, Roëm., *Oolith.*, pl. 11, fig. 1.
La Rochelle.
— **globatus**, d'Orb., *Prodr.*, t. II, p. 8, n° 123.
Loix (Ile de Ré).
— **Ephynes**, d'Orb., *Prodr.*, t. II, p. 9, n° 131.
La Rochelle.
Ditremeria Rathieri, d'Orb., *Prodr.*, t. II, p. 9, n° 145.
Pointe-du-Ché.
Pleurotomaria Euterpe, d'Orb., *Prodr.*, t. II, p. 10, n° 149.
La Rochelle.
— **jurensis**, d'Orb., *Pal. fr.*, t. II, p. 570, pl. 424, fig. 4-6.
Loix (Ile de Ré).
— **Agassizii**, Münst., Goldf, *Petr. Germ.*, p. 75, pl. 186, fig. 9.
Pointe-du-Ché.
Pterocera rupellensis, d'Orb., *Prodr.*, t. II, p. 10, n° 155.
La Rochelle.
(Cette espèce est vraisemblablement kimméridgienne).
— **tetracera**, d'Orb., *Ann. sc. nat.*, 1825, pl. 5, fig. 2.
La Rochelle.
— **aranea**, d'Orb., *Prodr.*, t. II, p. 10, n° 157.
La Rochelle.
— **Eudora**, d'Orb., *Prodr.*, t. II, p. 10, n° 158.
La Rochelle.

Cerithium millepunctatum, Deslongch, *Mém. soc. linn. Norm.*, t. VII, p. 204, pl. 11, fig. 26-28.
La Rochelle.

— **Glaucippe,** d'Orb., *Prodr.*, t. II, p. 11, n° 480.
La Rochelle.

— **Fleuriausi,** d'Orb., *Prodr.*, t. II, p. 12, n° 189.
Pointe-du-Ché.

— **rupellense,** d'Orb., *Prodr.*, t. II, p. 12, n° 190.
La Rochelle.

— **Hesione,** d'Orb., *Prodr.*, t. II, p. 12, n° 191.
La Rochelle.

Rimula cornucopiœ, d'Orb., *Prodr.*, t. II, p. 12, n° 195.
Loix (Ile de Ré).

Helcion rupellensis, d'Orb., *Prodr.*, t. II, p. 12, n° 198.
Pointe-du-Ché.

Dentalium corallinum, d'Orb., *Prodr.*, t. II, p. 12. n° 201.
La Rochelle.

Bulla vetusta, d'Orb., *Prodr.*, t. II, p. 13, n° 202.
La Rochelle.

Acéphales.

Panopæa sinuosa, d'Orb., *Prodr*, t. II, p. 13, n° 204.
La Rochelle.

— **hellica,** d'Orb., *Prodr.*, t. II, p. 13, n° 205.
La Rochelle.

— **Hesionne,** d'Orb., *Prodr.*, t. II, p. 13, n° 211.
Pointe-du-Ché.

Pholadomya canaliculata, Rœm., *Oolith.*, pl. 15. fig. 3.
Agris, La Rochelle.

— **anaglyptica,** d'Orb., *Prodr.*, t. II, p. 14, n° 216.
La Rochelle.

— **intermedia,** d'Orb., *Prodr.*, t. II, p. 14, n° 217.
La Rochelle.

Thracia corallina, d'Orb., *Prodr.*, t. II, p. 14, n° 221.
Pointe-du-Ché.

Anatina rupellensis, d'Orb., *Prodr.*, t. II, p. 14, n° 322.
La Rochelle.

— **bipartita,** d'Orb., *Prodr.*, t. II, p. 14, n° 223.
La Rochelle.

— **nasuta,** d'Orb., *Prodr.*, t. II, p. 14, n° 224.
La Rochelle.

Periploma corallina, d'Orb., *Prodr.*, t. II, p. 14, n° 225.
La Rochelle.

Lavignon subrugosa , d'Orb., *Prodr.*, t. II, p. 14, n° 229.
Pointe-du-Ché.
(Cette espèce est probablement kimméridgienne).
Venus corallina , d'Orb.. *Prodr.*, t. II, p. 15, n° 232.
La Rochelle.
Opis radisensis, d'Orb., *Prodr.*, t. II, p. 15, n° 240.
Loix (Ile de Ré).
— **rupellensis,** d'Orb., *Prodr.*, t. II, p. 15, n° 240'.
La Rochelle.
Astarte bicostata, d'Orb., *Prodr.*, t. II, p. 16, n° 245.
La Rochelle.
(Cette espèce est probablement kimméridgienne).
— **papyracea ,** d'Orb., *Prodr.*, t. II, p. 16, n° 246.
La Rochelle
— **Nicias,** d'Orb., *Prodr* , t. II, p. 16, n° 247.
La Rochelle.
(Espèce probablement kimméridgienne).
Hippopodium corallinum , d'Orb., *Prodr.*, t. II, p. 16, n° 250.
Loix (Ile de Ré).
Cyprina corallina , d'Orb., *Prodr.*, t. II, p. 16, n° 253.
Libourne , La Rochelle.
— **Hersilia ,** d'Orb., *Prodr.*, t. II. p. 16, n° 254.
Pointe-du-Ché.
— **Erato ,** d'Orb., *Prodr.*, t. II, p. 16, n° 255.
Loix.
— **Eucharis,** d'Orb., *Prodr.*, t. II, p. 16, n° 256.
Angoulins, Estré (Charente-Inférieure).
(Espèce probablement kimméridgienne).
Trigonia aculeata, d'Orb., *Prodr.*, t. II, p. 16, n° 258.
La Rochelle.
— **rupellensis,** d'Orb.. *Prodr..* t. II, p. 17, n° 261.
La Rochelle.
— **Meriani,** Agas., *Etud. crit.*, p. 44, pl. 11, fig. 9.
La Rochelle, Loix.
— **bicostata,** d'Orb., *Prodr.*, t. II, p. 17, n° 263.
La Rochelle.
Lucina rupellensis, d'Orb., *Prodr.*, t. II, p. 17, n° 271.
La Rochelle.
— **Neptuni,** d'Orb., *Prodr.*, t. II, p. 17, n° 272.
La Rochelle.
Unicardium Callirhoë , d'Orb., *Prodr.*, t. II, p. 17, n° 277.
La Rochelle.
— **subregulare ,** d'Orb., *Prodr.*, t. II, p. 17, n° 278.
Loix , La Rochelle.

Isocardia brevis, d'Orb., *Prodr.*, t. II, p. 18, n° 279.
　　　　Loix (Ile de Ré).
— **rupellensis**, d'Orb., *Prodr.*, t. II, p 18, n° 280.
　　　　La Rochelle.
— **parvula**, d'Orb., *Prodr.*, t. II, p. 18, n° 283.
　　　　La Rochelle.
Cardium corallinum, Leym., *Statist. de l'Aube*, pl. 10, fig. 11.
　　　　Chenets, Libourne, La Rochelle.
— **semiseptiferum**, d'Orb., *Prodr.*, t. II, p. 18, n° 287.
　　　　La Rochelle.
Nucula feronia, d'Orb., *Prodr.*, t. II, p. 18, n° 290.
　　　　La Rochelle.
Arca sublata, d'Orb., *Prodr*, t. II, p. 18, n° 292.
　　　　Angoulins.
— **Janthe**, d'Orb., *Prodr.*, t. II, p. 19, n° 296.
　　　　La Rochelle.
— **Harpia**, d'Orb., *Prodr.*, t. II, p. 19, n° 297.
　　　　La Rochelle.
— **Idalia**, d'Orb., *Prodr.*, t. II, p. 19, n° 298.
　　　　La Rochelle.
— **Janias**, d'Orb., *Prodr.*, t. II, p. 19, n° 299.
　　　　La Rochelle.
— **Idmone**, d'Orb., *Prodr.*, t. II, p. 19, n° 300.
　　　　La Rochelle.
— **Janassa**, d'Orb., *Prodr.*, t. II, p. 19, n° 301.
　　　　La Rochelle.
Pinna obliquata, Desh., *Traité élém.*, pl. 38, fig. 3.
　　　　Pranzac, La Rochelle.
Myoconcha compressa, d'Orb., *Prodr.*, t. II, p. 19, n° 309.
　　　　Ile de Ré.
— **auricula**, d'Orb., *Prodr.*, t. II, p. 19, n° 310.
　　　　La Rochelle.
Mytilus subpéctinatus, d'Orb., *Prodr.*, t. II, p. 29, n° 311.
　　　　La Rochelle.
— **furcatus**, Münst., Goldf., *Petr. Germ.*, pl. 129, fig. 6.
　　　　La Rochelle.
— **acinaces**, d'Orb., *Prodr.*, t. II, p. 19, n° 313.
　　　　La Rochelle,
— **Leilus**, d'Orb., *Prodr.*, t. II, p. 20, n° 318.
　　　　La Rochelle.
— **Lassus**, d'Orb., *Prodr.*, t. II, p. 20, n° 319.
　　　　La Rochelle.
— **Lysippus**, d'Orb., *Prodr.*, t. II, p. 20, n° 320.
　　　　La Rochelle.

Mytilus lombricalis, d'Orb., *Prodr.*, t. II, p. 20, n° 321.
La Rochelle.
Lithodomus rupellensis, d'Orb., *Prodr.*, t. II, p. 20. n° 322.
Anthieu, La Rochelle.
Lima tégulata, Münst., Goldf., *Petr. Germ.*, t. II, p. 89, pl. 162, fig. 15.
Les Foucauds, Rivière, Libourne, Loix, Pointe-du-Ché.
— **rudis**, Sow., *Min. conch.*, t. III, pl. 214.
Angoulins, Loix.
— **glabra**, Münst., Goldf., *Petr. Germ.*, t. II, pl. 102.
— Angoulins.
(Espèce probablement kimméridgienne).
— **subsemilunaris**, d'Orb., *Prodr.*, t. II, p. 19. n° 328.
Angoulins.
(Espèce probablement kimméridgienne).
— **lœviuscula**, Deshayes.
La Rochelle.
— **rupellensis**, d'Orb., *Prodr.*, t. II, p. 21, n° 333.
La Rochelle.
— **aciculata**, Münst., Goldf., *Petr. Germ.*, t. II, pl. 101.
Angoulins.
Avicula Mysis, d'Orb., *Prodr.*, t. II, p. 21, n° 341.
La Rochelle.
— **polyodon**, Buvign., *Mém. de Verdun.*, t. II, pl. 4.
La Rochelle.
Perna corallina, d'Orb., *Prodr.*, t. II, p. 21, n° 347.
Pointe-du-Ché.
Pecten clathratus, Roëm., *Ool*, pl. 13, fig. 9.
La Rochelle.
— **varians**, Roëm., *Ool.*, pl. 18, fig. 19.
Pointe-du-Ché.
— **strictus**. Münst., Goldl., *Petr. Germ.*, pl. 91, fig. 4.
Pointe-du-Ché.
— **subarticulatus**, d'Orb., *Prodr.*, t. II, p. 22, n° 354.
Foix (Ile-de-Ré).
— **lens?** Sow., *Min. conch.*
Pointe-du-Ché, Foix, La Rochelle.
(Espèce probablement Kimméridgienne).
— **corallinus**, d'Orb., *Prodr.*, t. II, p. 22, n° 357.
Pointe-du-Ché.
— **Nisus**, d'Orb., *Prodr.*, t. II, p. 22, n° 358.
Loix, Pointe du Ché.
— **Niso**, d'Orb., *Prodr.*, t. II, p. 22, n° 360.
La Rochelle.

Pecten solidus, Roëm., *Ool.*, p. 212, pl. 13, fig. 5.
La Rochelle.
— **Nicæus**, d'Orb., *Prodr.*, t. II, p. 22, n° 363.
La Rochelle.
Hinnites coralliphagus, d'Orb., *Prodr.*, t. II, p. 22, n° 368.
Pointe-du-Ché.
Diceras arietina, Lam., *An. sans vert.*
Courcomme, La Lèque, près du gouffre de Touvre, Angoulins.
Ostrea amor ? d'Orb., *Prodr.*, t. II, p. 23, n° 376.
Loix (Ile de Ré).
— **gregaria** ? Sow.
Citée par M. d'Orbigny à la Pointe-du-Ché.
— **Clytia**, d'Orb., *Prodr.*, t. II, p. 23, n° 378.
Pointe-du-Ché, Foix.
— **Cypræa**, d'Orb., *Prodr.*, t. II. p. 23, n° 379.
Pointe-du-Ché.
— **spiralis**, d'Orb., *Prodr.*, t II, p. 23, n° 380.
Pointe-du-Ché.
Pulvinites rupellensis, d'Orb., *Prodr.*, t. II, p. 24, n° 381
La Rochelle.
Anomya jurensis, d'Orb., *Prodr.*, t. II, p. 24, n° 382.
Pointe-du-Ché.

Brachiopodes.

Rhynchonella Royeri, d'Orb., *Prodr.*, t. I, p. 343, n° 234.
Loix (Ile de Ré.
— **pectunculata**, d'Orb., *Prodr.*, t. II, p. 24, n° 385.
Pointe-du-Ché.
— **Astieri**, d'Orb., *Ter. crét.*, t. IV, pl. 492, fig. 1-4.
Pranzac, Anthieu, Les Foucauds, Grassac.
Terebratula insignis, Schübl.
Loix, La Rochelle.
— **rupellensis**, d'Orb., *Prodr.*, t. II, p. 24, n° 392.
Dompierre, Angoulins.
— **equestris**, d'Orb., *Prodr.*, t. II, p. 24, n° 393.
Pointe-du-Ché.
Thecidea corallina, d'Orb., *Prodr.*, t. II, p. 25, n° 399.
Pointe-du-Ché.
Crania Regleyi, H. Coq.
Les Chenets, près d'Anjaud.

Bryozaires.

Alecto corallina, d'Orb., *Prodr.*, t. II, p. 25, n° 401.
> Pointe-du-Ché.
— rupellensis, d'Orb., *Prodr.*, t. II, p. 25, n° 402.
> Pointe-du-Ché.
Diastopora orbiculata, d'Orb., *Prodr.*, t. II, p. 25, n° 403.

Rayonnés. — Échinodermes.

Cidaris Blumenbachii, Münst,, Goldf., *Petr. Germ.*, p. 117, pl. 39,
> fig. 4.
> Fondouine, près de Villefagnan, St-Projet.
— miranda, Desor, *Cat. rais.*, p. 28.
> La Rochelle.
— marginata, Goldf., *Petr. Germ.*, pl. 39, fig. 7.
> Angoulins.
— coronata, Goldf., *Petr. Germ.*, pl. 39, fig. 8.
> Libourne, La Rochelle.
— consobrina, d'Orb., *Prodr.*, t. II, p. 28, n° 443.
> Angoulins.
— constricta, Agas., *Ech. suis.*, t. II, p. 72, pl. 21, fig. 3.
> La Rochelle.
— granulata, Cott., *Ech. foss.*, p. 116, pl. 11, fig. 7.
> Fondouine, près de Villefagnan.
— cucumifera, Agas., *Cat. syst.*, p. 10.
> Libourne, La Rochelle.
Rabdocidaris megalacantha, Desor, *Synops*, p. 43, pl. 8, fig. 13.
> Ile de Ré.
— nobilis, Desor, *Synops.*, p. 40
> Angoulins.
Hemicidaris crenularis, Agas., *Ech. suis.*, t. II, pl. 19 et 18.
> Fondouine, près de Villefagnan, Nanclars, Libourne,
> Pranzac, Grassac, La Rochelle.
— mammosa, Agas., *Cat. syst.*, p, 8.
> La Rochelle.
Pseudodiadema mamillatum, Des., *Synops.*, p. 64, pl. 12, fig. 1-3.
> Libourne, La Rochelle.
— hæmisphericum, Desor, *Syn.*, p. 68, pl. 13, fig. 4.
> Les Chenets, La Rochelle.
Diplopodia subangularis, M'Coy., Desor, *Syn.*, pl. 12
> Ile de Ré.
Acropeltis æquituberculata, Agas., *Cat. syst.*, p. 12.
> Angoulins.

Polycyphus distinctus, Desor, *Syn.*, p. 118.
Angoulins.
Stomechinus perlatus, Des., *Synop.*, p. 126.
Pointe-du-Ché.
Holectypus corallinus, d'Orb., *Prodr.*, t. II, p. 26, n° 412.
Pointe-du-Ché.
Crenaster rupellensis, d'Orb., *Prodr.*, t. II, p. 28, n° 447.
Pointe-du-Ché.
Ophiurella bispinosa, d'Orb., *Prodr.*, t. II, p. 28, n° 448.
Pointe-du-Ché.
Acroura subnuda, d'Orb., *Prodr.*, t. II, p. 28, n° 449.
Pointe-du-Ché.
Comatula depressa, d'Orb., *Prodr.*, t. II, p. 28, n° 450.
Angoulins.
Guettardicrinus dilatatus, d'Orb., *Crin.*, p. 15, pl. 1, fig. 2.
Libourne, Les Foucauds, Angoulins.
Apiocrinus Murchisonæ, d'Orb., *Crin.*, p. 32, pl. 6.
Pointe-du-Ché.
— **magnificus**, d'Orb., *Prodr.*, t. II, p. 28, n° 454.
Libourne, La Jarne.
— **insignis**, d'Orb., *Prodr.*, t. II, p. 29, n° 455.
Estré, près La Rochelle.
Millericrinus simplex, d'Orb., *Crin.*, p. 39, pl. 12.
S'-Constant, Pranzac, Pointe-du-Ché.
— **polydactylus**, d'Orb., *Crin.*, p. 41, pl. 9, fig. 1-8.
Pranzac, Angoulins.
— **gracilis**, d'Orb., *Crin.*, p. 44, pl. 10.
Pointe-du-Ché.
— **Pleuriausi**, d'Orb., *Crin.*, p. 46, pl. 8, fig. 1-4.
Pointe-du-Ché.
— **crassus**, d'Orb., *Crin.*, p. 48, pl. 8, fig. 5-7.
Pranzac, Pointe-des-Minimes.
— **elegans**, d'Orb., *Crin.*, p 49, pl. 8, fig. 8-11.
Angoulins.
— **cupuliformis**, d'Orb, *Crin.*, p. 51, pl. 8, fig. 12-15.
Angoulins.
— **obtusus**, d'Orb., *Crin.*, p. 75, pl. 14, fig. 9-11.
Pranzac, Pointe-du-Ché.
— **inflatus**, d'Orb., *Crin.*, p. 76, pl. 14, fig. 12-14.
S'-Projet, Pointe-du-Ché.
— **brevis**, d'Orb., *Crin.*, p. 77, pl. 14, fig. 15-17.
Pointe-du-Ché.
— **angulatus**, d'Orb., *Crin.*, p. 79, pl. 14, fig. 18-21.
Pointe-du-Ché.

Millericrinus radicensis, d'Orb., *Prodr.*, t. II, p. 29, n° 468.
Loix (Ile de Ré).
— **inæqualis**, d'Orb., *Prodr.*, t. II, p. 29, n° 469.
Pointe-du-Ché, Angoulins.
Pentacrinus alternans, Roëmer, *Ool*, p. 18, pl. 17, fig. 38.
La Rochelle.

Zoophytes.

Lasmophyllia radicensis, d'Orb., *Prodr.*, t. II, p. 30, n° 478.
Ile-de-Ré.
Montlivaltia subrugosa, d'Orb.. *Prodr.*, t. II, p. 30, n° 481.
La Lèche, Les Foucauds, Loix, Pointe-du-Ché.
— **contorta**, d'Orb., *Prod.*, t. II, p. 30, n° 482.
La Rochelle, Pointe-du-Ché.
Amblophyllia rupellensis, d'Orb., *Prod.*, t. II, p. 30, n° 484.
La Rochelle.
Acrosmilia corallina, d'Orb., *Prodr.*, t. II, p. 30, n° 485.
La Rochelle, Pointe-du-Ché.
Thecosmilia subcylindrica, d'Orb., *Prodr.*, t. II, p. 31, n° 490.
Angoulins.
— **confluens**, d'Orb., *Prodr.*, t. II, 31, n° 491''.
La Rochelle.
Calamophyllia Moreaui, d'Orb., *Prodr.*, t. II, p. 31, n° 493.
La Lèche, Angoulins.
— **subgracilis**, d'Orb., *Prodr.*, t. II, p. 32, n° 502.
Angoulins.
Eunomia contorta, d'Orb., *Prodr.*, t. II, p. 32, n° 511.
Loix (Ile-de-Ré).
Enallhelia corallina, d'Orb., *Prodr.*, t. II, p. 32, n° 513.
Angoulins.
Adelocænia corallina, d'Orb., *Prodr.*, t. II, p. 32, n° 517.
Angoulins.
Decacœnia Michelini, d'Orb., *Prodr.*, t. II, p. 33, n° 521.
La Lèche, Libourne.
Tremocœnia subornata, d'Orb., *Prodr.*, t. II, p. 33, n° 524.
La Rochelle.
Cryptocœnia hexaphyllia. d'Orb., *Prodr.*, t. II, p. 33, n° 527.
La Rochelle,
— **decupla**, d'Orb., *Prodr.*, t. II, p. 33, n° 530.
Loix (Ile-de-Ré).
— **radicensis**, d'Orb., *Prodr.*, t. II, p. 33, n° 531.
Loix.

Pseudocœnia octonis, d'Orb., *Prodr.*, t. II, p. 34, n° 538.
La Rochelle.

Stylina rupellensis, d'Orb., *Prodr.*, t. II, p. 34, n° 545.
Estré, près La Rochelle.

— microcoma, d'Orb., *Prodr.*, t. II, p. 34, n° 547.
Loix.

Stephanocœnia intermedia, d'Orb., *Prodr.*, t. II, p. 35, n° 551.
La Rochelle.

Prionastrea grandis, d'Orb., *Prodr.*, t. II. p. 35, n° 556.
La Rochelle, Loix.

— Cabaneti, d'Orb., *Prodr.*, t. II, p. 35, n° 561.
Angoulins.

Synastrea hemisphærica, d'Orb., *Prodr.*, t. II, p. 36, n° 570.
La Lèche, Libourne, Pointe-du-Ché.

— excavata, d'Orb., *Prodr.*, t. II, p. 36, n° 573.
La Rochelle.

— pulchella, d'Orb., *Prodr*, t. II, p. 36, n° 575.
Pointe-du-Ché.

Dactylastrea subramosa, d'Orb., *Prodr.*, t. II, p. 36, n° 580.
Pointe-du-Ché.

Dactylarœa truncata, d'Orb., *Prodr.*, t. II, p. 57, n° 589.
Loix.

Aplosmilia semisulcata, d'Orb., *Prodr.*, t. II, p. 37, n° 591.
La Lèche, Libourne, Les Chenets, Courcomme, Pointe-du-Ché.

Oulophyllia lamellodentata, d'Orb., *Prodr.*, t. II, p. 39, n° 604.
La Lèche, Villefagnan, Pointe-du-Ché.

Comoseris meandrinoïdes, d'Orb., *Prodr.*, t. II, p. 40, n° 616
Les Foucauds, près d'Agris, Angoulins.

Latomeandra ramosa, d'Orb., *Prodr.*, t. II, p. 40, n° 618.
Loix.

Microphyllia Edwardsii, d'Orb., *Prod.*, t. II, p. 40, n° 618'''.
Les Foucauds, La Rochelle.

Foraminifères.

Goniolina hexagona, d'Orb., *Prodr.*, t. II, p. 41, n° 622.
Pointe-du-Ché.

Cristellaria Fleuriausi, d'Orb., *Prodr.*, t. II, p. 41, n° 624.
Angoulins.

— rupellensis, d'Orb., *Prodr.*, t. II, p. 41, n° 625.
Pointe-du-Ché.

Amorphozoaires.

Eudea elongata, d'Orb., *Prodr.*, t. II, p. 41, n° 626.
  Pointe-du-Ché.
Hippalimus mosensis, d'Orb., *Prodr.*, t. II, p. 41, n° 629.
  Pointe-du-Ché.
 — **elegans,** d'Orb., *Prodr.*, t. II, p. 41, n° 631.
  Pointe-du-Ché.
 — **clavatus,** d'Orb., *Prodr.*, t. II, p. 41, n° 632.
  Pointe-du-Ché.
Stellispongia reptans, d'Orb., *Prodr.*, t. II, p. 42, n° 635.
  Pointe-du-Ché.
Cupulospongia undata, d'Orb., *Prodr.*. t. II, p. 42, n° 636.
  Pointe-du-Ché.
 — **punctata,** d'Orb., *Prodr.*, t. II, p. 42, n° 637.
  Pointe-du-Ché.
Amorphospongia corallina, d'Orb., *Prodr.*, t. II, p. 42, n° 638.
  Pointe-du-ché.

VÉGÉTAUX.

Fougères recueillies par moi à Angoulins.
Fucoïdes canaliculatus, Ad. Brong.
  La Repentie, près La Rochelle.

I. ÉTAGE KIMMÉRIDGIEN (1).

VERTÉBRÉS. — Reptiles.

Sauriens, débris trouvés à St-Amand. V.
  Carapace entière de Tortue trouvée au Pont-Touvre par
 M. Saige. V.

Poissons.

Lepidotus gigas, Agas.
  Ruelle, Touvre.

ARTICULÉS. — Annelés.

Serpula quinquangularis, Goldf.
  Vars. P.

MOLLUSQUES. — Céphalopodes.

Nautilus sublinflatus, d'Orb., *Prodr.*, t. II, p. 43, n° 2.
  Vars, Châtelaillon, P.

(1) Nous signalerons par A, les Fossiles appartenant au sous-étage *astatien*, par P, ceux du sous-étage *ptérocérien* et par V, ceux du sous-étage *virgulien*.

Nautilus giganteus, d'Orb., *Pal. fr.*, t. I, p. 163, pl. 36.
    Anais, Angoulins. P.

Ammonites Lallerianus, d'Orb., *Ter. crét.*, t. I, p. 208.
    Ruelle, Le Laumont, La Rochelle, St-Jean-d'Angely. V.

— **longispinus**, Sow., d'Orb., *Pal. fr.*, t. I, pl. 209.
    Vindelle, Vars, Montignac, Rouillac, Ruelle, St-Jean-d'Angely. V.

— **gigas**, Zieten.
    Vars, P.

— **Cymodoce**, d'Orb., *Pal. fr.*, t. 1, pl. 202 et 203.
    Balzac, Ruelle, Rouillac, Châtelaillon, P.

— **decipiens**, Sow., d'Orb., *Pal. fr.*, t. I, pl. 211.
    Marsac, V.

— **Eudoxus**, d'Orb., *Pal. fr.*, t. I, pl. 214.
    Vindelle, Vars, Pont-de-Touvre, St-Jean-d'Angely, P.

— **orthocera**, d'Orb., *Pal. fr.*, t. I, pl. 218.
    Balzac, Bignac, V.

Aptychus Flamandi, Thurm., *in* Contejean, *Monogr. de l'étage kimm. du Jura*, in-4°, p. 256.
    Marsac, Rouillac. V.

Gastéropodes.

Chemnitzia Danaé, d'Orb., *Prodr.*, t. II, p. 44, n° 17.
    Montée Ste-Barbe, près Angoulême, Nouhère, Mussia, St-Jean-d'Angely, A.

Nerinea Gosæ, Roëm, *Ool.*, pl. 11.
    Nouhère, Montée de Ste-Barbe, A.

— **santonensis**, d'Orb, *Pal. fr.*, t. II, p. 156, pl. 284.
    Montée Ste-Barbe, Nouhère, A.

— **Goodhallii**, Sow., *Trans. Géol.*, t. IV, pl. 23, fig. 12.
    Ruelle, P.

— **Elea**, d'Orb., *Pal. fr.*, t. II, p. 157, pl. 285, fig. 1-2.
    Montée de Ste-Barbe, A.

Natica macrostoma, Roëm., *Ool.*, p. 157, pl. 10, fig. 11.
    Vars, St-Jean-d'Angely, Châtelaillon, Ardillières, P.

— **turbiniformis**, Roëm., *Oolith*, p. 157, pl. 10, fig. 12.
    Nouhère, Vars, la Chignole, St-Jean-d'Angely, Châtelaillon, P.

— **Eudora**, d'Orb., *Prodr.*, t. II, p. 45, n° 31.
    Vars, Châtelaillon, St-Jean-d'Angely, P.

— **dubia**, Roëm, *Oolith.*, p. 157, pl 10, fig. 8.
    Vars, Châtelaillon, St.Jean-d'Angely, P.

Natica Elea, d'Orb., *Prodr.*, t. II, p. 45, n° 32.

Vindelle, St-Jean-d'Angely, V.

— **globosa**, Roëm, *Ool.*, p. 156, pl. 10, fig. 9.

Vars, St-Jean-d'Angely, Châtelaillon, P.

— **prætermissa**, Contej., *loc. cit.*, p. 244

Vars, P.

— **hemisphærica**, d'Orb., *Prodr.*, t. II, p. 44, n° 26.

Vars, Châtelaillon, St-Jean-d'Angely, P.

— **phasianelloïdes**, d'Orb., *Pal. fr.*, t. II, p. 212, pl. 297, fig. 6.

Ruelle, P.

Neritopsis delphinula, d'Orb., *Prodr.*, t. II, p. 45, n° 33.

St-Jean-d'Angely, V.

Turbo incertus, Contej.. *loc. cit.*, p, 245.

Laumont, Bignac, V.

Pleurotomaria Hesione, d'Orb., *Prodr.*, t. II, p. 45, n° 37.

St-Jean-d'Angely, P.

— **Bourgueti**, Contej., *loc. cit*, p. 246.

Vars, P.

— **Pelea**, d'Orb., *Pal. fr.*, t. II, p. 574, pl. 427, fig. 1-5.

St-Jean-d'Angely, P.

Pterocera Thirriæ, Contej., *loc. cit.*, p. 249.

St-Amand, P.

— **suprajurensis**, Contej., *loc. cit.*, p. 248.

Ardillières, P.

— **oceani**, De Lab.

Laumont, Vindelle, St-Jean-d'Angely, V.

— **ponti**, De Lab.

Vars, Ardillières, P.

— **Galatea**, d'Orb., *Prodr.*, t. II, p. 46, n° 44.

Châtelaillon, St-Jean-d'Angely, V.

Bulla cylindrella, Buvign.

Ardillières, P.

Acéphales.

Panopæa gracills, d'Orb., *Prodr.*, t. II, p. 47, n° 61.

Jauldes, St-Amand-de-Boixe, A.

— **Aldouini**, d'Orb., *Prodr.*, t. II, p. 46, n° 54.

Châtelaillon, St-Jean-d'Angely, P.

— **robusta**, d'Orb., *Prodr.*, t. II, p. 47, n° 57.

Châtelaillon, P.

— **Dunkeri**, d'Orb., *Prodr.*, t. II, p. 47, n° 58.

Châtelaillon, V.

Panopæa Idalia, d'Orb., *Prodr.*, t. II, p. 47, n° 59.
St-Jean-d'Angely, V.

Pholadomya Protei, Defr.
Vindelle, Ruelle, Rouillac, Vars, Châtelaillon, St-Jean-d'Angely, Ardillières, P.

— **acuticostata**, Sow., *Min. conch.*, t. VI, p. 88, pl. 546.
Vindelle, Bignac, St-Amand, Ruelle, St-Jean-d'Angely, Châtelaillon, V.

— **parvula**, Roëm., *Ool.*, p. 133, pl. 15, fig. 4.
St-Jean-d'Angely, P.

— **donacina**, Goldf., *Petr. Germ.*, t. II, pl. 157, fig. 8.
Ruelle, St-Jean-d'Angely. P.

— **subtruncata**, d'Orb., *Prodr.*, t. II, p. 47, n° 68.
Châtelaillon, P.

— **gracilis**, d'Orb., *Prodr*, t. II, p. 47, n° 69.
Châtelaillon, P.

— **hortulana**, d'Orb., *Prodr.*, t. II, p. 48, n° 70.
Vars, St-Jean-d'Angely, P.

— **striatula**, Agas., *Et. crit.*, p. 116, pl. 3 A, fig. 7-9.
Châtelaillon, P.

Ceromya excentrica, Agal., *Et. crit.*, pl. 8 A, 8 B, 8 C.
Vars, Vindelle, Rouillac, Ruelle, Châtelaillon, St-Jean-d'Angely, P.

— **obovata**, d'Orb., *Prodr.*, t. II, p. 48, n° 81.
Ruelle, Châtelaillon. P.

— **Fleuriausi**, d'Orb., *Prodr.*, t. II, p. 48, n° 82.
St-Jean-d'Angely, P.

Thracia suprajurensis, Desh., *Tr. de conch.*
Vars, St-Jean-d'Angely, Châtelaillon, P.

Mactra ovata, d'Orb., *Prodr.*, t. II, p. 49, n° 94.
Vars, St-Jean-d'Angely, Châtelaillon, P.

— **rupellensis**, d'Orb., *Prodr.*, t. II, p. 49, n° 95.
Chatelaillon, St-Jean-d'Angely, P.

— **isocardioides**, d'Orb., *Prodr.*, t. II, p. 49, n° 99.
Ruelle, P.

— **truncata**, Contej., *loc. cit.*, p. 262. P.

Lavignon rugosa, d'Orb., *Prodr.*, t. II, p. 49, n° 100.
Ruelle, Vars, Rouillac, St-Cybardeaux, Châtelaillon.
St-Jean-d'Angely, P.

Corbula fallax, Contej., *loc. cit.*, p. 260.
St-Amand-de-Boixe, Luxé, A.

Astarte Amor, d'Orb., *Prod.*, t. II, p. 50, n° 112.
St-Jean-d'Angely, P.

Astarte polymorpha, Contej., *loc. cit.*, p. 268.
 St-Amand-de-Boixe. A.
— supracorallina, d'Orb., *Prodr.*, t. II, p. 15, n° 241.
 Luxé, Jauldes. A.
— bicostata, d'Orb., *Prodr.*, t. II, p. 16, n° 245.
 Vars. P.
Cyprina cornuta, d'Orb., *Prodr.*, t. II, p. 50, n° 116.
 St-Jean-d'Angely. P.
— Gea, d'Orb., *Prodr.*, t. II, p. 50, n° 117,
 Châtelaillon, St-Jean-d'Angely. P.
— Glycere, d'Orb., *Prodr.*, t. II, p. 50, n° 118.
 Châtelaillon. P.
— globula, Contej., *loc. cit.*, p. 263.
 St-Amand-de-Boixe. A.
Lucina substriata, Rœm., *Ool.*, p. 118, pl. 7, fig. 18,
 Ruelle, Vars, St-Jean-d'Angely. P.
— Elsgandiœ, Thurm.
 St-Jean-d'Angely. P.
— Georgeana, d'Orb., *Prodr.*, t. II, p. 51, n° 129.
 St-Jean-d'Angely. P.
— amæna, Contej., *loc. cit.*, p. 273.
 Bignac. V.
Corbis Merope, d'Orb., *Prodr.*, t. II. p. 51, n° 131.
 St-Jean-d'Angely. P.
— Melissa, d'Orb., *Prodr.*, t. II, p. 51, n° 132.
 St-Jean-d'Angely. P.
Unicardium excentricum, d'Orb., *Prodr.*, t. II, p. 51, n° 133.
 St-Jean-d'Angely. P.
Isocardia Georgeana, d'Orb., *Prodr.*, t. II, p. 52, n° 136.
 Ruelle, St-Jean-d'Angely. P.
Trigonia concentrica, Agas., *Et. crit.*, p. 20, pl. 6, fig. 10.
 Bignac, Laumont, St-Jean-d'Angely. V.
— papillata, Agas., *Et. crit.*, p. 39, pl. 5, fig. 10-14.
 La Chignole, Le Rocher, près La Rochelle. P.
— suprajurensis, Agas., *Et. crit.*, p. 42, pl. 5, fig. 1-6
 Laumont, Rouillac. V.
— pseudo-cyprina, Contej., *loc. cit.*, p. 278.
 Laumont. V.
Nucula Menkii, Roëm., *Ool.*, p. 98, pl., 6, fig. 10.
 Châtelaillon. St-Jean-d'Angely. P.
— Gabrielis, d'Orb., *Prodr.*, t. II, p. 52, n° 140.
 St-Jean-d'Angely.
Arca texta, d'Orb., *Prodr.*, t. II, p. 52, n° 141.
 Bignac, Châtelaillon, St-Jean-d'Angely. V.

Arca ovalis, Contej., *loc. cit.*, p. 213.
  Vars. P.
— **longirostris**, d'Orb., *Prodr.*, t. II, p. 52, n° 142.
  St-Jean-d'Angely. P.
— **Lydia**, d'Orb., *Prodr.*, t. II, p. 52, n° 143.
  Ruelle. P.
— **Laura**, d'Orb., *Prodr.*, t. II, p. 52, n° 144.
  Châtelaillon. P.
— **Nostradami**, Contej., *loc. cit.*, p. 285.
  St-Amand-de-Boix. A.
— **minuscula**, Contej., *loc. cit.*, p. 288.
  Jauldes. A.
— **Thurmanni**, Contej., *loc. cit.*, p. 287.
  St-Amand-de-Boixe, Luxé. A.
Pinna grauv'ata, Sow., *Min. conch.*, t. IV, pl. 347.
  Vars, Nouhère, Châtelaillon, St-Jean-d'Angely, Angoulins. P.
— **socialis**, d'Orb., *Prodr.*, t. II. p. 53, n° 148.
  Châtelaillon. P.
Mytilus subpectinatus, d'Orb., *Prodr.*, t. II, p. 53, n° 149.
  La Chignole, Nouhère, Angoulins. P.
— **jurensis**, Mérian, Roëm,, *Ool.*, p. 87, pl. 4, fig. 10.
  Vars, Ruelle, Touvre, Châtelaillon. P.
— **Medus**, d'Orb., *Prodr.*, t. II, p. 53, n° 152.
  Télégraphe de Beaumont (entre Anais et Vars), Châtelaillon. P.
— **Lysipus**, d'Orb., *Prodr.*, t. II, p. 53, n° 154.
  Châtelaillon. P.
— **subæquiplicatus**, Goldf., *Petr. Germ.*, pl. 131, fig. 7.
  Vars, Châtelaillon. P.
Posydonomya kimmeridgensis, d'Orb., *Prodr.*, t. II, p. 53, n° 158.
  Châtelaillon. P.
Avicula subplana, d'Orb, *Prodr.*, t. II, p. 53, n° 159.
  La Chignole, Angoulins. P.
— **modioloris**, Münst., Roëm., *Ool.*, p. 87, pl. 5, fig. 1.
  Châtelaillon. P.
— **opis**, d'Orb., *Prodr.*, t. II, p. 53, n° 163.
  Châtelaillon. P.
— **Gesneri**, Thurm.
  Ardillières. P.
— **gervilioides**, Contej., *loc. cit.*, p. 295.
  Bignac. V.
Gervilia kimmeridgensis, d'Orb., *Ter. crét.*, t. III, pl. 483.
  Vars, St-Jean-d'Angely. P.

Perna Thurmanni, Contej., *loc. cit.*, p. 297.
Vars, Angoulins. P.

Pinnigena Saussurii, d'Orb., *Prodr.*, t. II, p. 21, n° 166.
Chignolle, Châtelaillon, Angoulins. P.

— rugosa, d'Orb., *Prodr.*, t. II, p. 21, n° 349.
Pointe-du-Ché. P.

Lima spectabilis, Contej., *loc. cit.*, p. 299.
Chignolle. P.

— radula, Contej., *loc. cit.*, p. 299.
Rouillac. V.

Pecten lamellosus, Sow., *Min. conch.*, t. III, pl. 239.
Châtelaillon. St-Jean-d'Angely. P.

— Doris, d'Orb., *Prodr.*, t. II, p. 54, n° 168.
Laumont, St-Jean-d'Angely. V.

— Marcus, d'Orb,, *Prodr.*, t. II, p. 54, n° 170.
St-Jean-d'Angely. P.

— Billoti, Contej, *loc. cit.*, p. 305.
Angoulins. P.

Hinnites inæquistriatus, d'Orb., *Prodr.*, t, II, p. 54, n° 172.
Vars, Ruelle, Angoulins. P.

Ostrea solitaria, Sow., *Min. conch.*, t. 5, pl. 468.
Chignolle, Angoulins. P.

— virgula, d'Orb., *Prodr.*, t. 2, p. 54, n° 174.
Bignac, St-Amand, Pont-de-Bassau, St-Jean-d'Angely,
Touvre, Châtelaillon. V.

— multiformis, Koch., *Beitr.*, p. 45, pl. 5, fig. 11.
Châtelaillon, P.

— bruntutana, Thurm.
Chignolle, Angoulins, P.

Anomya kimmeridgensis, d'Orb., *Prodr.*, t. II, p. 55, n° 178.
St-Jean-d'Angely, Châtelaillon, P.

Brachiopodes.

Rhynchonella inconstans, d'Orb., *Prodr.*, t. I, p. 55, n° 179.
Chignolle, Ruelle, St-Jean-d'Angely, Châtelaillon, P.

Terebratula subsella, Leym., *Stat. de l'Aube.*, pl. 9, fig. 12.
Vars, Anais, Ruelle, Montée de Ste-Barbe, St-Jean-d'Angely, Surgères, P.

— carinata, Leym., *Stat. de l'Aube*, pl. 10, fig. 6.
Montée de Ste-Barbe, Chignolle, Pointe-du-Ché, La
Rochelle, Surgères, P.

RAYONNÉS. — Échinodermes.

Cidaris pyrifera, Agas., *Cat. Syst.*, p. 10.
>   Chignolle, Pointe-du-Ché, P.

Rabdocidaris Orbignyi, Desor, *Synops.*, p. 40, pl. 1, fig. 3.
>   Châtelaillon, P.

Hemicidaris Thurmanni, Agas., *Ech. suis.*, t. II, p. 50, pl. 19, fig. 1-3.
>   Pointe-du-Ché, Angoulins, P.

Acrocidaris nobilis, Agas., *Cat. syst.*, p. 9.
>   Pointe-du-Ché, Angoulins, P.

Dysaster anasteroïdes, Leym., *Stat. de l'Aube*, pl. 9.
>   Le Rocher, près la Rochelle, P.

Holectypus Meriani, Desor., *Galer.*, p. 67, pl. 10, fig. 1-3.
>   Pointe-du-Ché, Angoulins.

Apiocrinus Roissyi, d'Orb., *Crin.*, p. 20, pl. 3-4.
>   *A. Meriani*, Desor.
>   Chignolle, Pointe-du-Ché, Angoulins.

Amorphozoaires.

Amorphospongia suprajurensis, d'Orb., *Prodr.*, t. II, p. 56, n° 198.
>   Châtelaillon.

J. ÉTAGE PORTLANDIEN.

MOLLUSQUES. — Céphalopodes.

Ammonites Irius, d'Orb., *Pal. fr.*, t. I, pl. 222.
>   St-Jean-d'Angely.
— rotundus, Sow., d'Orb., *Pal. fr.*, t. I, pl. 216.
>   St-Jean-d'Angely.

Acéphales.

Panopæa quadrata, d'Orb., *Prodr.*, t. II, p. 59, n° 33.
>   Bignay, près de St-Jean-d'Angely.

Mactra rostralis, d'Orb., *Prodr.*, t. II, p. 59, n° 34.
>   Chez-Ville (Bassac), Jarnac, Chassors, St-Denis (Ile d'Oléron).
— insularum, d'Orb., *Prodr.*, t. II, p. 59, n° 36.
>   Jarnac, Chez-Ville, St-Froult, St-Denis.

Neæra mosensis, Buvign., *Statist. de la Meuse*, p. 41, n° 42, pl. 8.
>   Chassors, Chez-Ville.

Trigonia gibbosa, Sow., *Min. Conch.*, t. III, pl. 235-236.
>   Nantillé.

Nucula inflexa, Roëm.
>   Citée par M. Marrot, près de St-Pierre (Ile d'Oléron).
— gregaria, Kock.
>   St-Hilaire (Ile d'Oléron).

Cardium dissimile, Sow., *Min. conch.*, t. VI., pl. 553, fig. 2.
Chez-Ville, Jarnac, Chassors, St-Denis, S.-Froult.
Mytilus portlandicus, d'Orb., *Prodr.*, t. II, p. 60. n° 50.
Chez-Ville, Jarnac, Cigogne.
Pecten insularum, d'Orb., *Prodr.*, t. II, p. 64, n° 55.
St-Denis.
— **Jarnacensis**, H. Coquand.
Haut. : 87 mm. larg. : 85 mm.
Coquille arrondie, très-régulière, presque aussi haute que large, très-déprimée, subéquivalve ; têt. mince, valves légèrement convexes, ornées de lignes impressionnées, simples, concentriques, très-rapprochées et régulières, à peine indiquées vers le sommet et disparaissant complétement près des crochets. Outre ces lignes concentriques, on observe un autre système de stries divergentes, déliées, simples, apparentes surtout vers la région palléale, chez les individus adultes ; oreillettes presqu'égales, elles sont striées longitudinalement ; les stries dont elles sont ornées sont le prolongement de celles des valves.
J'ai découvert cette magnifique espèce sur le coteau de Jarnac, et au hameau de Chez-Ville, dépendant de la commune de Bassac.
Ostrea denticulata, Roëm., *Oolith.*, p. 65, pl. 3, fig. 13.
Jarnac.
Anomia Jarnacensis, H. Coq.
Diam. 10 mm.
Coquille orbiculaire, déprimée, valve inférieure mince, ornée de fortes rides concentriques d'accroissement, percée dans la région cardinale d'une échancrure de forme circulaire et de grandeur variable, suivant les individus. Cette espèce est fixée sur les valves du *Pecten jarnacensis*.
Jarnac.
— **portandica**, d'Orb., *Prodr.*, t. II, p. 64, n° 59.
St-Denis (Ile-d'Oléron).

K. ÉTAGE PURBECKIEN.

VERTÉBRÉS. — Poissons.

Dents et Écailles de *Lepidotus*.
Montgaud près Cognac.

MOLLUSQUES. — Gastéropodes.

Physa Bristovii, E. Forbes.
Montgaud, commune de Cherves.

Physa Boreaui, H. Coq.
> Coquille globuleuse, lisse, n'ayant pas plus de 2 millimètres de longueur.
> Montgaud.

Ampullaria pisum, H. Coq.
> Coquille globuleuse, presque entièrement ronde, spire très-courte, dernier tour formant presque toute la coquille, bouche arrondie.
> Dimensions, 3 millimètres.
> Toinot près Cognac.

Melania Arnaudi, H. Coq.
> Dim. : 5 millimètres.
> Coquille turriculée, lisse, composée de 8 tours régulières, convexes, séparées par une suture nettement indiquée: bouche ronde.
> Cherves près Cognac.

— **Boreaui, H. Coq.**
> Dim. : 5 millimètres.
> Coquille turriculée, composée de 9 tours convexes, séparés par une suture. Chaque tour est orné de trois côtes régulières, ce qui lui donne une apparence rubannée et la forme d'une turritelle : bouche ronde.
> Champ-Blanc près Cognac.

Acéphales.

Corbula Condamyi, H. Coq.
> Longueur : 22 mm., hauteur : 18 mm.
> Coquille ovale, allongée, lisse, présentant des lignes d'accroissement qui s'infléchissent vers la partie rostrée de la coquille ; le rostre obtus, peu saillant; valves inégales, Toinot, Montgaud, où cette espèce forme lumachelle.

— **carentonensis, H. Coq.**
> Long. : 17 mm., hauteur : 5 mm.
> Coquille très-allongée, étroite, étranglée à la région palléale ; rostre très-proéminent ; crochets séparés; valves inégales.
> Champ-Blanc.

— **Jarnacensis, H. Coq.**
> Long. : 18 mm., hauteur : 10 mm.
> Coquille épaisse, ovale, allongée, marquée de plis très-prononcés d'accroissement ; rostre peu allongé ; valves presque égales; crochets séparés.
> Champ-Blanc, Montour.

Corbula purbeckensis, H, Coq.

Long. : 14 mm. ; hauteur : 13 mm.

Coquille presque aussi haute que large, de forme triangulaire ; rostre peu saillant ; crochets peu séparés ; la
valve inférieure débordant sensiblement la valve supérieure,
Champ-Blanc.

Cyclas Arnaudi, H. Coq.

Long. : 25 mm., hauteur : 25 mm.

Coquille aussi haute que large, lisse, très-mince, portant de légères stries d'accroissement.
Montgaud.

— **pusilla**, H. Coq.

Diam. : 3 mm.

Coquille équivalve, marquée de stries très-fines.
Les Toinots, près Cognac.

Cyrene Marroti, H. Coq.

Long. : 30 mm., haut. : 24 mm., épaiss. 13 mm.

Coquille lisse, de forme triangulaire ; crochets saillants,
contigus.
Cherves.

Récapitulation de la Faune et de la Flore Jurassique.

ÉTAGES.	VERTÉBRÉS.	ARTICULÉS.	MOLLUSQUES. Céphalopodes.	Gastéropodes.	Acéphales.	Brachiopodes.	Bryozoaires.	ÉCHINODERMES.	ZOOPHYTES.	FORAMINIFÈRES.	AMORPHOZOAIRES.	VÉGÉTAUX.	Total.
A. Grès infraliasique	»	»	»	3	1	»	»	»	»	»	»	»	4
B. Lias inférieur	»	»	?	»	»	»	»	»	»	»	»	»	»
C. Lias moyen	»	»	8	1	16	3	»	1	»	»	»	»	29
D. Lias supérieur	2	»	10	4	7	3	»	1	»	»	»	»	36
E. Oolithe inférieure	»	»	20	9	28	8	4	2	4	»	»	»	75
F. Kellovien	»	»	17	3	3	5	»	1	»	»	»	»	29
G. Oxfordien	»	»	15	4	22	5	»	2	1	?	»	»	49
H. Corallien	»	2	6	41	84	8	3	41	33	3	8	2	231
I. Kimméridgien	3	1	10	25	82	3	»	7	»	»	1	»	132
J. Portlandien	»	2	»	»	13	»	»	»	»	»	»	»	15
K. Purbeckien	1	»	»	5	7	»	»	»	»	»	»	»	13
TOTAUX	6	5	95	95	263	35	7	55	38	3	9	2	613

II. FORMATION CRÉTACÉE.

La formation néocomienne toute entière ainsi que les étages *aptien*, du *gault* ou *albien* et *rothomagien* manquent dans les départements des Deux-Charentes et de la Dordogne.)

CRAIE INFÉRIEURE.

A. ÉTAGE GARDONIEN.

VERTÉBRÉS. — Reptiles.

Vertèbre (grande), de Saurien.
Château d'Ardenne, sous les Molidards.

MOLLUSQUES. — Acéphales.

Teredo Fleuriausi, d'Orb., *Prodr.*, t. II, p. 157, n° 229.
Pont de Basseau, près Angoulême, Ile d'Aix.

VÉGÉTAUX. — Algues.

Laminarites ? tuberculatus, Sternb.
Ile d'Aix.
Rhodomelites strictus, Sternb.
Ile d'Aix.

Naïadées.

Zosterites Orbignyi, Ad. Brongn.
Ile d'Aix.
— **Bellovisana**, Ad. Brongn.
Ile d'Aix.
— **elongata**, Ad. Brongn.
Ile d'Aix.
— **lineata**, Brongn.
Ile d'Aix.
— **cauliniæfolia**, Ad. Brongn.
Ile d'Aix.

Conifères.

Brachyphyllum Orbignyi, Ad. Brongn.
Ile d'Aix.
— **Brardii**, Ad. Brongn.
Pialpinson (Dordogne).

B. ÉTAGE CARENTONIEN.

Vertébrés. — Reptiles.

Vertèbres et **ossements**, de reptiles indéterminés.
La Grande-Garène, près Angoulême, Coll. de M. de
Rochebrune.

Poissons.

Corax elongatus, H. Coq.
Dent triangulaire, allongée, recourbée vers le sommet :
base assez étroite : dentelures fines et régulières.
Hauteur : 16 mm., largeur : 10 mm.
Sillac, près Angoulême.

— **parallelus**, H. Coq.
Dent fortement coudée et devenant, immédiatement après
l'angle de coudure, parallèle à la base, de manière que la
pointe est projetée dans un plan horizontal : dentelures assez
fortes.
Hauteur : 5 mm., largeur : 11 mm.
Sillac.

— **trapezoïdalis**, H. Coq.
Dent de forme trapézoïdale, s'élevant d'abord verticale-
ment jusqu'à la région de courbure, à partir de laquelle
elle suit une direction oblique.
Hauteur : 10 mm., largeur : 5 mm.
Sillac.

Pycnodus Rochebruni, H. Coq.
Les dents de la rangée moyenne sont contiguës, de forme
rhomboïdale ; extrémités extérieures recourbées en avant ;
les dents de la rangée interne sont rondes ou elliptiques, à
surface usée.
Sillac.

— **distans**, H. Coq.
Cette espèce, dont M. de Rochebrune possède un magnifique exemplaire, se distingue de la précédente par l'écar-
tement des dents de la rangée moyenne qui sont aussi
beaucoup plus effilées à leur extrémité.
Pont de Basseau, près Angoulême.

Gyrodus carentonensis, H. Coq.
Dents elliptiques, irrégulières, ornées dans la couronne
même de rayons divergents, irréguliers, d'apparence chagrinée et rugueuse.
Pont de Basseau.

4

Lamna Trigeri, H. Coq.

Dents allongées, finement striées en long, avec deux tubercules latéraux, courts et aigus.

Hauteur : 40 mm., largeur à la base de la racine : 18 mm.

Découverte par M. de Rochebrune à Sillac.

Otodus Michoni, H. Coq.

Dent tricuspide; dentelons latéraux bien marqués, également écartés.

Longueur : 18 mm., largeur : 14 mm.

Sillac.

Vertèbres. M. de Rochebrune a recueilli à Sillac un nombre assez considérable de vertèbres que, malgré leur bon état de conservation, il serait difficile de restituer aux espèces dont elles proviennent.

ARTICULÉS. — Crustacés.

Pattes et **pinces** découvertes par M. Arnaud dans le calcaire à Alvéolines.

Bricoine, près Cherves.

MOLLUSQUES. — Céphalopodes.

Nautilus triangularis, Montf., d'Orb., *Ter. crét.*, t. I, p. 79, pl. 1 et 2.

N. Fleuriausi d'Orb., t. 1, pl. 15.

Angoulème, St-Trojan, Sers, Garat, Bagnolet, Ile d'Aix.

Ammonites Fleuriausi, d'Orb., *Ter. crét.*, t. I, p. 350, pl. 107.

Sillac, Bagnolet, près Cognac, Martrou, Gourdon.

— **navicularis**, Sow., *Min. conch.*, t. VI, p. 105, pl. 555.

A. Mantelli, d'Orb., *Ter. crét.*, t. I, p. 146, pl. 103.

Angoulème, Garat, Sillac, Sers, Châteaunef, Bagnolet, Pons.

— **Wolgari**, Mantell, *Geol. of Sussex*, p. 197, pl. 24, f. 16, 22 et pl. 22, f. 7.

A. Carolinus, d'Orb., *Ter. crét.*, t. I, p. 310, pl. 91, f. 5-6.

Angoulème, Châteauneuf, Martrou.

— **Vielbancii**, d'Orb., *Ter. crét.*, t. I, p. 1, pl. 108.

Angoulème, Bagnolet, Martrou.

— **Carolinus**, d'Orb., *Ter. crét.*, t. I, pl. 108.

Angoulème, Bagnolet, Martrou.

— **Engolismensis**, H. Coq.

Hauteur : 55 mm., largeur : 42 mm., épaisseur : 17mm.

Coquille discoïdale, comprimée, lisse, ornée par tour de six tubercules, arrondis, disposés régulièrement autour de l'ombilic ; dos étroit et presque tranchant ; bouche semi-lunaire.

Cette espèce rappelle par la disposition de ses tubercules l'*A. orthocera*, d'Orb., dans son jeune âge : mais elle s'en distingue par son ombilic plus étroit et par son dos qui est tranchant au lieu d'être rond.

Découverte sous Angoulême par M. de Rochebrune dans les bancs à *Terebratella carentonensis*.

Ammonites caprinarum, H. Coq.

Coquille discoïdale, large, à ombilic très-ouvert : tours nombreux, ornés d'une double rangée de tubercules obtus, épais, noduleux, réguliers, rapprochés, dont l'une placée sur le pourtour de l'ombilic et l'autre vers la région dorsale, dos convexe ; bouche subquadrangulaire, à peine échancrée par le retour de la spire.

Cette espèce, qui atteint souvent une grande dimension, a été recueillie à Bricoine, près Cognac et à Champagnolles (Ch^le-Inf^re), dans les bancs à *Caprina adversa*.

Gastéropodes.

Scalaria Alphonsii, H. Coq.

Hauteur : 35 mm., épaisseur du dernier tour : 16 mm.

Coquille allongée, subcylindrique : spire composée de tours réguliers au nombre de 8, convexes, séparés par une suture profonde : bouche arrondie.

Cette espèce voisine de la *S. Raulini*, d'Orb., s'en distingue par ses tours plus allongés.

Découverte à Sillac par M. Rochebrune dans le deuxième banc à Ichthyosarcolites.

Globiconcha rotundata, d'Orb., *Ter. crét.*, t. II, p. 143, pl. 169. fig. 17.

St-Trojan.

— **ponderosa**, H. Coq.

Hauteur : 65 mm., largeur : 57 mm.

Coquille ventrue, globuleuse, en forme de toupie, lisse, un peu plus haute que large, spire régulière, composée de tours convexes, le dernier très-large : bouche semilunaire, s'élargissant en avant et aboutisssant à un sinus formé par la columelle, têt lisse, très-épais.

St-Trojan.

Natica succinoides, H. Coq.

Haut. 18 mm., larg. 12 mm.

Coquille plus haute que large. déprimée obliquement,

lisse ; spire formée de tours convexes, non canaliculés , le dernier très-grand ; ouverture très-large , terminée près de la columelle par un bourrelet saillant, sans ombilic.

Cette jolie espèce se fait remarquer par la grandeur de son ouverture et par l'ampleur de son dernier tour.

Découverte à Sillac dans le deuxième banc à Ichthyosarcolites par M. de Rochebrune.

Natica difficilis, d'Orb., *Ter. crét.*, t. II, p. 229, pl. 186 *bis*, f. 9-10.

Angoulême, Ile d'Aix.

Chemnitzia Eolis, d'Orb., *Prodr.*, t. II, p. 149, n° 66.

Ile d'Aix.

Acteonella lævis, d'Orb., *Ter. crét.*, t. II, p. 111, pl. 166.

Recueillie par M. de Rochebrune, au dessus de la Couronne, près Angoulême.

Acteon elongatus, H. Coq.

Coquille oblongue, conique, épaisse : spire composée de tours convexes, séparés par une suture profonde. Bouche oblongue, étroite, un peu oblique. Columelle pourvue de 5 plis régulièrs bien marqués.

Par sa forme allongée et étroite, cette espèce se distingue nettement des autres *Acteon*.

Découverte par M. de Rochebrune dans les ateliers du chemin de fer d'Angoulême.

Nerinea Salignaci, H. Coq.

Coquille conique, épaisse, non ombiliquée. Spire formée de tours étroits, rapprochés et contigus, séparés en deux parties presque égales par une excavation profonde, la partie supérieure un peu plus étroite que l'autre, convexe et arrondie ; la partie inférieure un peu plus large et carrée. Bouche subtriangulaire et se prolongeant en un canal assez court.

Cette espèce, par sa forme raccourcie, la régularité de ses tours et le prolongement antérieur de sa bouche se distingue nettement de toutes les espèces de la craie.

Angoulême, St-Trojan.

— **Rochebruni**, H. Coq.

Coquille allongée, non ombiliquée ; spire formée de tours réguliers , profondément excavée et étranglée, séparée en deux parties inégales par une suture ou sillon médian ; la partie supérieure plus large que l'inférieure et la débordant sous forme de couvercle ; bouche allongée, étroite et subquadrangulaire.

Angoulême, Montaguant, St-Trojan, Ile d'Aix.

Nerinea monilifera, d'Orb., *Ter. crét.*, t. II, p. 95, pl. 163, f. 4-6.
  Bagnolet, Angoulême, Ile Madame.
— **Bauga**, d'Orb., *Ter. crét.*, t. II, p. 94, pl. 162, f. 1-2.
  Angoulême, St-Trojan.
— **bisulcata ?** d'Archiac, *Form. crét. du sud-ouest*, Mem. soc.
  géol., t. II, p. 190, pl. XIII, f. 17.
  Angoulême, St-Trojan.
— **regularis**, d'Orb., *Ter. crét.*, t. II, p. 87, pl. 160, f. 10.
  Angoulême, Ile d'Aix.
— **Fleuriausi**, d'Orb., *Ter. crét.*, t. II, p. 85, pl. 160, f. 6-7.
  Angoulême, St-Trojan, Ile d'Aix.
— **Aunisiana**, d'Orb., *Ter. crét.*, t. II, p. 86, pl. 160, f. 8-9.
  Angoulême, Ile d'Aix.
Rotella Michoni, II. Coq.
  Hauteur : 7 mm., diamètre : 11 mm.
  Coquille orbiculaire, déprimée; spire composée de tours convexes, séparés par des sutures terminées par un méplat marqué de stries longitudinales, rapprochées et régulières. Ces stries, qui sont beaucoup moins saillantes à la partie supérieure, sont croisées par d'autres stries transversales plus espacées qui donnent à la coquille une structure treillissée. Callosité à peine indiquée. Bouche ovale.
  Cette espèce se distingue de la *R. Archiaci* d'Orb. par son absence de callosité et par son double système de stries.
  Je l'ai dédiée à M. Michon, curé de Lesterp, amateur distingué de Géologie, qui a bien voulu me guider de la manière la plus obligeante dans mes excursions aux environs d'Aubeterre,
  St-Trojan.
Turbo Nanclasi, II. Coq.
  Hauteur : 125 mm., épaisseur : 94 mm.
  Coquille épaisse, conique, formée de tours convexes, un peu anguleux vers les deux tiers inférieurs à cause de la présence d'un méplat existant près de la suture, disposés légèrement en gradins les uns au dessus des autres; dernier tour fort grand; bouche large et arrondie.
  Découverte par M. de Rochebrune, sous Angoulême.
Pleurotomaria Boreaui, II. Coq.
  Hauteur : 40 mm., largeur : 85 mm.
  Coquille plus large que haute, conique, déprimée; spire régulière, formée de tours étroits bicarénés; la carène supérieure tranchante, la deuxième obtuse, courant sous forme de bourrelet séparé du tour contigu par une espèce

de méplat : l'intervalle entre les deux carènes plane ou légèrement creusé en gorge de poulie. Bouche déprimée, trapézoïdale : ombilic large.

Cette espèce rappelle par ses traits généraux le *P. Mailleana* ; mais elle s'en distingue par son ombilic plus large, par sa double carène et sa forme plus aplatie.

Découverte par M. de Rochebrune, sous Angoulême, dans les bancs à *Terebratella carentonensis*.

Varigera carentonensis, d'Orb., *Prodr.*, t. II, p. 149, n° 84.
Charras.

Pterodonta elongata, d'Orb., *Ter. crét.*, t. II, p. 316, pl. 248, f. 2.
Angoulême, Bagnolet, Ile Madame.

— **inflata**, d'Orb., *Ter. crét.*, t. II, p. 318, pl. 249.
Angoulême, St-Trojan, Ile d'Aix.

Cerithium reflexilabrum, d'Orb., *Ter. crét.*, t. II, p. 382.
Ile Madame.

Stomatia aspera, d'Orb., *Ter. crét.*, t. II, p. 237, pl. 188, f. 4-7.
Environs de Cognac.

Strombus inornatus, d'Orb., *Ter. crét.*, t. II, p. 214, pl. 214.
Angoulême, St-Trojan, Ile d'Aix.

— **incertus**, d'Orb., *Prodr.*, t. II, p. 154, n° 175.
Pterocera incerta, d'Orb., *Ter. crét.*, t. II, p. 308, pl. 215.
Sillac.

Pterocera Rochebruni, H. Coq.
Coquille allongée, presque scalariforme : spire composée de tours arrondis, convexes, séparés par une suture très-profonde; ouverture ovale, allongée, aboutissant à un canal en forme de rostre.

Cette singulière espèce se distingue bien nettement par sa forme étroite et allongée de toutes les autres *Pterocera*.

Découverte par M. de Rochebrune, à Sillac, dans le 2me banc à Ichthyosarcolites.

— **polycera**, d'Orb., *Ter. crét.*, t. II, p. 310, pl. 217, f. 1.
Ateliers du chemin de fer d'Angoulême, Ile Madame.

Dentalium deforme, Lam.
Angoulême, Châteauneuf.

Acéphales.

Panopæa substriata, d'Orb., *Prodr.*, t. II, p. 157, n° 230.
P. striata, d'Orb., *Ter. crét.*, t. III, p. 344, pl. 359, f. 1-8.
Vouzan, Charras.

Solon carentonensis, H. Coq.

Hauteur : 12 mm. , longueur : 33 mm.

Coquille mince, allongée, très-comprimée, inéquilatérale ; côté antérieur court ; côté postérieur allongé, arrondi à son extrémité : marquée de stries concentriques.

Cette espèce se rapproche du *S. elegans* d'Orb. ; mais elle s'en distingue par son absence des stries longitudinales à la région postérieure.

Découverte par M. de Rochebrune, à Sillac, dans le 2ᵐᵉ banc à Ichthyosarcolites.

Arcopagia discrepans ; d'Orb.

Sillac, dans le 2ᵐᵉ banc à Ichthyorarcolites.

Mytilus engolimensis, H. Coq.

Longueur : 111 mm. , largeur : 54 mm.

Coquille allongée, subtriangulaire, un peu renflée, cunéiforme, ornée d'une côte saillante en forme de carène ; têt lisse sur la région palléale, marquée de simples lignes régulières d'accroissement ; le reste du têt compris entre les deux côtes marqué de rides interrompues.

Cette espèce, rappelle par ses ornements, le *M. Ligeriensis*; mais elle s'en distingue par sa forme beaucoup plus dilatée et par son sommet aigu.

Découverte par M. de Rochebrune, à Angoulême, dans les bancs à *Caprina adversa*.

— **ligeriensis**, d'Orb., *Ter. crét.*, t. III, p. 274, pl. 340, f. 1-2.

Ile Madame.

— **interruptus**, d'Orb., *Ter. crét.*, t. III, p. 278, pl. 341, f. 6-8.

Châteauneuf.

— **inornatus**, d'Orb., *Ter. crét.*, t. III, p. 277, pl. 341, f. 3-5.

Châteauneuf.

— **subfalcatus**, d'Orb., *Prodr.*, t. II, p. 166, n° 412.

Angoulême.

Lithodomus carentonensis, d'Orb., *Ter. crét.*, t. III, p. 293, pl. 345, f. 1-3.

St-Trojan.

— **suborbicularis**, d'Orb., *Ter. crét.*, t. III, p. 293, pl. 345, f. 4-8.

Angoulême, dans les bancs inférieurs à Ichthyosarcolites.

— **Coquandi**, Guéranger, *Not. inéd.*

Châteauneuf, avec *Ostrea biauriculata*.

— **Lima intermedia**, d'Orb., *Ter. crét.*, t. III, p. 550, pl. 421, f. 1-5.

St-Sulpice, avec *Terebratella Menardi*.

— **varusensis**, d'Orb., *Prodr.*, t. II, p. 167, n° 442.

Nancras.

Lithodomus Boreaui, H. Coq.

> Longueur : 30 mm. , Largeur : 20 mm.
>
> Coquille ovale - oblongue , transverse , moyennement comprimée ; ornée d'un système de côtes rayonnantes , régulières , tranchantes ; intervalles occupés par une seconde côte également tranchante , mais se soudant aux plus élevées vers le milieu de la valve. Côté antérieur légèrement tronqué, saillant au milieu ; région postérieure très-saillante , presque parallèle en dessus ; oreillettes courtes , presque égales .
>
> Cette espèce , voisine de la *L. intermedia*, s'en distingue par ses doubles côtes.
>
> Montagant.

- **simplex**, d'Orb., *Ter. crét.*, t. III, p. 545, pl. 418, f. 5-6.
  > Sillac avec *Terebratella pectita*.
- **subconsobrina**, d'Orb., *Prodr.*, t. II , p. 467, n° 439.
  > *L. consobrina*, d'Orb., *Ter. crét.*, t. III, p. 556, pl. 422 . f. 4-7.
  > Sillac.
- **subabrupta**, d'Orb., *Prodr.*, t. II , p. 467, n° 441.
  > *L. abrupta*, d'Orb., *Ter. crét.*, t. III, p. 559, pl. 423, f. 6-9.
  > Sillac.
- **cenomanensis**, d'Orb., *Ter. crét.*, t. III, p. 542, pl. 421, f. 11-15.
  > Sers.
- **ornata** , d'Orb., *Ter. crét.*, t. III , p. 541 , pl. 421 , f. 6-10.
  > Châteauneuf.

Pecten elongatus, Lam., *Anim. sans vert.*, t. VI, p. 181 , n° 10 .
  > d'Orb., *Ter. crét.* , t. III , p. 607, pl. 436 , f. 1-4.
  > Angoulême.

- **virgatus**, Nilsson, *Petref. suec.* , p. 22 , pl. 9 , f. 15, d'Orb.. *Ter. crét.* , t. III , p. 602 , pl. 434 , f. 7-10.
  > Angoulême.
- **subacutus**, Lam., d'Orb., *Ter. crét.*, t. III, p. 638, pl. 445, f. 5-8.
  > Port des Barques.

Janira dilatata, d'Orb., *Ter. crét.*, t. III, p. 638. pl 445, f. 5-8.
  > Montagant.

- **lævis**, H. Coq.
  > *Neithœa lœvis*, Drouet, *Ann. soc. Lin, Paris*, 1824, pl. 7.
  > *Janira phaseola*, d'Orb. (*non Pecten phaseolus*, Lam.)
- **Fleuriausi**, d'Orb., *Ter. crét.* , t. III , p. 634 , pl. 443.
  > Angoulême, St-Trojan , Châteauneuf, St-Sulpice , Montagant, Ile d'Aix.
- **carentonensis**, d'Orb., *Prodr.*, t. III , p. 170, n° 509.
  > Charras.

Cyprinà oblonga, d'Orb., *Ter. crét.*, t. III, p. 105, pl. 277, f. 1-4.
Bagnolet.

— **Neptuni**, d'Orb., *Prodr.*, t. III, p. 161, n° 313.
Ile Madame.

Lucina Nereis, d'Orb., *Prodr.*, t. II, p. 162, n° 31.
Bagnolet, près Cognac.

Avicula anomala, d'Orb., *Ter crét.*, t. III, p. 478, pl. 392.
Angoulême.

Cardium Carolinum, d'Orb., *Ter. crét.*, t. III, p. 29, pl. 245.
Angoulême, Ile d'Aix.

— **Guerangeri**, d'Orb., *Ter. crét.*, t. III, p. 35, pl. 249, f. 14.
Bagnolet, Ile Madame.

Isocardia carentonensis, d'Orb., *Ter, crét.*, t. III, p. 48, pl. 252. f. 1-4.
Martrou, près de Rochefort.

Myoconcha cretacea, d'Orb., *Ter. crét.*, t. III, p. 260, pl. 235.
Châteauneuf, Angoulême, Ile Madame.

— **angulata,** d'Orb., *Ter. crét.*, t. III, p. 261, pl. 336.
Châteauneuf.

Crassatella Guerangeri, d'Orb., t. III, p. 76, pl. 265, f. 1-2.
Sillac, avec *Terebratella carentonensis.*

— **vindinnensis,** d'Orb., *Ter. crét.*, t. III, p. 79, pl. 266, f. 1-3.
Angoulême.

Chama navis, H. Coq.
Caprotina navis, d'Orb. *Prodr.*, t. II, p. 474, n° 575.
Requienia navis, d'Orb., *Ter. crét.*, t. IV, p. 255, pl. 587
et f. 588.
Angoulême, Fléac, Nersac, Sers, St-Trojan, Ile Madame.

— **Delaruei**, H. Coq.
Caprotina Delaruena, d'Orb., *Prod.*, t. II, p. 474, n° 577.
Requienia Delaruena, d'Orb., *Ter. crét.*, t. IV, p. 256,
pl. 589. fig. 1.
Ile Madame.

— **ornata,** H. Coq.
Requienia ornata, d'Orb., *Ter. crét.*, t. IV, p. 257, pl.
569, fig. 2-4.
Ile d'Aix.

— **lævigata,** H. Coq.
Caprotina lævigata, *Prodr.*, t. II, p. 474, n° 596.
Requiena lævigata, d'Orb., *Ter. crét.*, t. IV, p. 258, pl.
590 et pl. 591, fig. 1-3.
Angoulême, Fléac, St-Michel, St-Trojan, Ile d'Aix.

Chama carentonensis, H. Coq.

> *Requienia carentonensis*, d'Orb., *Ter. crét.*, t. IV, p. 259, pl. 592.
> St-Michel.

— **rugosa**, H. Coq.

> *Caprotina rugosa*, d'Orb., *Prod.*, t. II, p. 174, n° 574.
> *Requienia rugosa*, d'Orb., *Ter. crét.*, t. IV, p. 254, pl. 586.
> Ile Madame.

Spondylus histrix? Goldf., d'Orb., *Ter. crét.*, t. III, p. 660, pl. 453.

> Sillac.

Arca Noueli, d'Orb., *Prodr.*, t. II, p. 196, n° 133.

> Angoulême avec *Terebratella pectita*, Mareuil.

— **ligeriensis**, d'Orb., *Ter. crét.*, t. II, p. 227, pl. 317, fig. 1-3.

> Montagant.

— **tailleburgensis**, d'Orb., *Ter. crét.*, t. III, p. 233, pl. 320.

> Angoulême, Charras.

— **Guerangeri**, d'Orb., *Ter. crét.*, t. III, p. 228, pl. 318, fig. 1-2.

> Sillac.

— **Archiaci**, d'Orb., *Ter. crét.*, t. III, p. 235, pl. 322.

> Sillac.

Trigonia scabra? Lam., d'Orb., *Ter. crét.*, t. III, p. 153, pl. 296.

> Sillac, coll. de M. de Rochebrune.

— **sinuata**, Park., d'Orb., *Ter. crét.*, t. III, p. 147, pl. 293.

> Bouthiers, Fourras.

— **Pyrrha**, d'Orb., *Prodr.*, t. II, p. 164, n° 326.

> Châteauneuf.

— **Nereis**, d'Orb., *Prodr.*, t. II, p. 162, n° 327.

> Angoulême.

Limopsis Guerangeri *(Pectunculina*, d'Orb.), d'Orb., *Prodr.*, t. II, p. 163, n° 364.

Pinna Gallieni, d'Orb., *Ter. crét.*, t. III, p. 253, pl. 231.

> Angoulême.

Inoceramus problematicus? d'Orb., *Ter. crét.*, t. III, p. 510, pl. 406.

> Angoulême, Châteauneuf, bancs à *Terebratella carento-nensis*.

— **striatus?** Mantell, d'Orb., *Ter. crét.*, t. III, p. 508, pl. 405.

> Angoulême.

— **sublabiatus**, H. Coq

> Angoulême, Châteauneuf.

Ostrea columba, Deshayes, *Encycl. méth.*, t. II, p. 302, n° 42. d'Orb., *Ter. crét.*, t. III, p. 724, pl. 477.

> Angoulême, La Couronne, St-Estèphe, Garat, Cers, St-Michel, Bagnolet, Châteauneuf, Anqueville, Rochefort, Ile d'Aix, dans les bancs supérieurs à *Caprina adversa*.

Ostrea Reaumuri, H. Coq.

    Oolumba, v'" minor, Auct.

Cette espèce dont le sommet est strié et dont la taille est constamment petite, a été considérée comme étant une variété de l'*O. columba* jeune : mais cette opinion nous paraît erronée, parceque d'abord, outre des différences radicales, elle est constamment réléguée dans les bancs inférieurs de l'étage, sans qu'on puisse y rencontrer une seule *O. columba* adulte, et que d'un autre côté, dans les bancs les plus élevés où la véritable *O. columba* foisonne, on n'en trouve jamais à sommets des valves striés, ni chez les individus jeunes, ni chez les individus adultes.

    Angoulême, St-Trojan, Montagant, Marennes, dans les bancs à *Caprina adversa*.

 — **pernoïdes**, H. Coq.

Coquille déprimée, très-plate, subquadrangulaire, transverse, irrégulière ; valves égales, rugueuses, marquées à la partie inférieure de plis ondulés, peu apparents et écartés, tronqués carrément au sommet, et pourvues de chaque côté d'un élargissement auriforme qui donne à la coquille l'apparence d'un *Perna* ; fossette du ligament externe, oblique et profonde ; intérieur des valves rugueux et bosselé ; région occupée par l'animal n'envahissant pas toute la surface interne de la coquille, mais un espace triangulaire qui se termine par une expansion dépourvue de têt vitreux ; impression musculaire ovale, saillante et subcentrale. Cette espèce remarquable et qu'on ne peut confondre avec aucune autre *Ostrea* a été découverte par M. de Rochebrune à Angoulême, dans les argiles tégulines.

 — **diluviana**, Linné, d'Orb., *Ter. crét.*, t. III, p. 728, pl. 480.

    Angoulême.

 — **hippopodium**, Nilssonn, *Petref. suec.*, p. 20 n° 4, pl. VII, fig. 1, d'Orb., *Ter. crét.*, pl. 481, f. 4-6 *non* pl. 482.

    Angoulême, Châteauneuf, dans les bancs à *Terebratella carentonensis*. (M. d'Orbigny a évidemment confondu l'*O. hippodium* Nils., avec l'*O. Talmontiana* d'Archiac, qui est spéciale à la craie supérieure. Aussi en les citant à la fois dans son étage turonien et dans son étage sénonien, il commet une double erreur ; car il attribue les bancs à *O. hippodium* à l'étage turonien et ceux à *Terebratella carentonensis*, à l'étage cénomanien ; or ces deux fossiles se trouvent constamment ensemble).

 — **haliotidea**, d'Orb.. *Ter. crét.*, t. III, p. 724, pl. 478, f. 1-4.

    Environs de Cognac.

Ostrea lingularis, Lamark.

Angoulême, Bouthiers, Montagant.

— **carentonensis**, d'Orb., *Ter. crét.*, t. III. p. 713, pl. 478.

St-Trojan, Ile Madame.

— **flabella**, d'Orb., *Ter. crét.*, t. III, p. 717. pl. 475.

Gryphæa plicata, Lamarck, *Anim. sans vert.*. t. VI, p. 169, n° 8.

Angoulême, Garat, Sers, Châteauneuf. Anqueville, Bagnolet, St-Estephe, Roulet.

— **carinata**, Lam., *Ann. de Mus.*, t. VIII. p. 66. d'Orb., *Ter. crét.*, t. III, p. 714, pl. 474.

O. serrata, Defr., *Dict. des sc. nat.*

O. pectinata, Goldf., *Petref. Germ.*, t. II, p. 9, pl. 74, f.7.

Angoulême, Bagnolet, Châteauneuf, Ile Madame, dans les bancs à *Terebratella carentonensis*.

— **lateralis**, Nilss.

Sillac, près Angoulême.

— **Baylei**, Guéranger.

Angoulême, Châteauneuf.

— **biauriculata**, Lam., *Ann. du Muséum*, t. VIII. p. 160, n° 4. d'Orb., *Ter. crét.*, t. III, p. 719, pl. 476.

Angoulême, Garat, Châteauneuf. Soubise. Anqueville. Bagnolet.

— **Lesueurii**, d'Orb., *Prodr.*, t. II, p. 471, n° 523.

O. hippopodium, d'Orb., *Ter. crét.*, t. III. p. 734. pl. 481, f. 4-6.

Angoulême, Nancras, Ile Madame.

(L'*O. Lesueurii* nous paraît faire double emploi avec l'*O. hippopodium* de Nillson. Cette dernière a été confondue par M. d'Orbigny avec l'*O. talmontiana* d'Arch., qui appartient à l'étage santonien).

Rudistes.

Sphærulites triangularis, Bayle.

Radiolites triangularis, d'Orb., *Ter. crét.*, t. IV, p. 202. pl. 546.

Angoulême, Montagant, Ile d'Aix. Fouras.

— **foliaceus**, Lam., Bayle, *Bull. soc. géol.*, t. XIII, p. 74. pl. 1.

Hippurites agariciformis, Goldf, *Petref. Germ.*, p. 300. pl. 464, f. 4 a, b (Excl. f. 4 c.)

Radiolites agariciformis. d'Orb., *Ter. crét.*, t. IV. p. 200. pl. 544 et 545.

Angoulême, Sers, Montagant, Saint-Trojan. Cherves, Ile d'Aix.

Sphærulites Fleuriausi, Bayle.

    Radiolites Fleuriausa, d'Orb., *Ter. crét.*, t. IV, p. 201,
pl. 548.

    Angoulême, Montagant, Ile d'Aix.

— **Sharpei**, Bayle.

    Nersac, Angoulême.

— **polyconilites**, Bayle.

    Radiolites polyconilites d'Orb., *Ter. crét.*, t. IV, p. 203,
pl. 547.

    Angoulême, Bagnolet, Garat, Fléac, Sers, St-Trojan,
Montagant, Ile d'Aix.

Caprina adversa, d'Orb. père, *Mém. du Mus*, t. VIII, p. 106, pl. III,
f. 1-2-3, d'Orb., *Ter. crét.*, t. IV, p. 182, pl. 536 et pl.537.

    Angoulême, Sers, St-Trojan, Sireuil, Nersac, Montagant,
Fléac, Ile d'Aix.

— **quadripartita**, d'Orb., *Revue cuv.*, 1839, p. 169.

    Caprotina quadripartita, d'Orb., *Ter. crét.* t. IV, p. 241
pl. 584 et 585.

    Angoulême, Montagant, Ile d'Aix.

— **striata**, d'Orb., *Rev. Cuv.*, 1839, p. 169.

    C. semistriata, d'Orb., *Rev. cuv.*, p. 169.

    Caprotina striata, d'Orb., *Ter. crét.*, t. IV, p. 244, pl.
593, f. 3-4-5-6.

    C. semistriata, d'Orb., *Loc. cit.*, p. 244, pl. 594.

    Angoulême, Montagant, Ile d'Aix.

— **costata**, d'Orb., *Rev. cuv.*, 1839, p. 169.

    Hippurites sulcatus, Goldf., *Petref. Germ.*, p.303, pl.165,
f. 3 a (*Exclus* f. 3 b, c, d,).

    Caprotina costata, d'Orb., *Ter. crét.*, t. IV, p. 242, pl.
593, f. 4-10.

    Angoulême, Montagant, Ile d'Aix.

— **triangularis**, H. Coq.

    Ichthyosarcolites triangularis, Desmarets, *Jour. de phy-
sique*, 1817, p. 9.

    Caprinella triangularis, d'Orb., *Ter. crét.*, t. IV p. 192,
pl. 542.

    Angoulême, Montagant, St-Trojan, Ile Madame.

Brachiopodes.

Rhynchonella Lamarkii, d'Orb., *Ter. crét.*, t. IV, p. 32, pl. 496,
f. 5-13.

    Terebratula plicatilis, Brong., *Descrip. des env. de
Paris*, pl. 4, f. 5.

T. costata, Sow., *Min. conch.*, t. V, pl. 537, f. 1-4.
St-Trojan, Ile d'Aix.

Rhynchonella contorta, d'Orb , *Ter. crét.*, t. IV, p. 84, pl. 496,
f. 14-17.
St-Trojan, Port des Barques.

— **compressa**, d'Orb., *Ter. crét.*, t. IV, p. 85, pl. 497, f. 4-6.
Terebratula alata, Brong., *Descrip. des env. de Paris*,
pl. 4 , f. 6.
St-Sulpice, Ile d'Aix.

— **alata**, Lam., *Anim. sans vert.*, t. I, n° 43.
Terebratula compressa, d'Orb.
(Cette espèce diffère essentiellement de la *R. compressa*
et occupe un niveau plus élevé).

Terebratula biplicata, Def., d'Orb., *Ter.crét.*, t. IV, p. 95, pl. 514,
f. 9.
Angoulême, St-Trojan, Moulidards, Nersac.

— **phaseolina**, Lamark.
Châteauneuf, avec *T. pectita*.

Terebratella Menardi, d'Orb., *Ter. crét.*, t. IV, p. 118, pl. 517,
f. 1-15.
Terebratula Menardi, Lam., *Anim. sans vert.*, t. VI, p.
256, n° 50.
Champmillon, Angoulême, St-Sulpice avec *Caprina adversa*.

— **carentonensis**, d'Orb., *Ter. crét.*, t. IV, p. 122, pl. 518,
f. 1-4.
Roulet, Port des Barques.

— **pectita ?** d'Orb., *Ter. crét.*, t. IV, p. 120, pl. 517, f.16-20.
Terebratula pectita, Sow., *Min. conch.*, t. II, p. 87, pl.
138, f. 1.
Citée à Angoulême, Châteauneuf, Roulet, par d'Orbigny.

Bryozoaires.

Biflustra carentina, d'Orb., *Ter. crét*, t. V, p. 245, pl. 687, f.10-12.
Ile Madame.

Membranipora cenomana, d'Orb., *Ter. crét.*, t V, p. 544, pl. 606,
fig. 7-8.
Ile Madame.

Melicertites compressa, d'Orb., t. V, p. 620, pl. 736, fig. 17-19.
Ile Madame.

Proboscina ramosa, d'Orb., t. V, p. 851, pl. 632, fig. 1-3, et pl. 633,
fig. 1-3.
Idmonea cenomana, d'Orb., t. V, p. 732, pl. 644 fig. 1-5,

I. ramosa, d'Orb., *Prodr.*, t. II, p. 175, n° 593.

Diastopora ramosa, Michel , *Iconog. zoophyt.* , p 203 ,
pl. 52, fig. 3.

Ile Madame.

Entalophora carentina, d'Orb., t. V, p. 784, pl. 753, fig. 16-18.

Ile Madame.

Stomatopora reticulata, d'Orb., t. V, p. 841, pl. 630, fig. 1-4.

Alecto reticulata, d'Orb., *Prodr* , t. II, p. 175 , n° 590.

Ile Madame.

Berenicea regularis, d'Orb., *Ter. crét.*, t. V, p. 865, pl. 636, fig. 9-10,
pl. 637, f. 3-4.

Diastopora regularis, d'Orb.

D. densata d'Orb.

D. orbicula, d'Orb.

Ile Madame.

Unicavea subradiata, d'Orb., *Ter. crét.*, t. V, p. 972, pl. 642, f. 4-6.
Defrancia radiata , d'Orb.

Ile Madame.

Domopora clavula, d'Orb., t. V, p. 989, pl. 647, f. 1-11.

Ile Madame.

Radiopora pustulosa, d'Orb., t. V, p. 992, pl. 649, f. 1-4.

Ile Madame.

— **Huoti** , d'Orb., t. V, p. 993, pl. 650, f. 1-5.

Ceriopora Huotiana, Mich. *Icon. zooph.*, p. 206, pl. 52, f. 7.

Ile Madame.

RAYONNÉS. — Échinodermes.

Goniopygus Menardi, Agassiz, *Monog. des Salén.*, p. 22, pl. 23, f. 29-
36 , Desor, *Synops.*, pl. 14, f. 16, *Exclus.* 15.

Ile d'Aix , Angoulème.

— **globosus,** Ag., *Mon. des Sal.*, p. 34, pl. 4, f. 9-16.

Ile d'Aix.

— **major,** Ag. *Mon. des Sal.*, p. 25, pl. 4, f. 17-22.

Angoulême, Port des Barques.

Oottaldia granulosa, Desor, *Synops.*, p. 114, pl. 19, f. 1-3.

Echinus granulosus , Goldf.; *Petr. Germ.*, p. 125, pl. 49,
fig. 5.

Arbacia granulosa, Agas., *Cat. Syst.*, p. 12.

Ile d'Aix.

Peltastes acanthodes, Ag., *Mon. des Sal.* ; p. 29, pl. 5, f. 9-16. Desor,
Synops., p. 145, pl. 20, f. 9 et 10.

P. pulchellus, Ag., *Mon.*, p. 27, pl. 5, f. 1-8.

P. marginalis , Ag.; *Mon.*, p. 29, pl. 5, f. 9-16.

Ile d'Aix.

Salenia personata, Agass., *Mon. des Gal.*, p. 9, pl. 1, fig. 4-8.
>> Angoulême.

Pygaster truncatus, Agas., *Cat. syst.*, Desor, *Mon. des Sal.*, p. 82,
>> pl. 14, f. B. 10.
>> Châteauneuf. Ile d'Aix.

Discoidea excisa, Desor, *Catal. rais.*, p. 90.
>> Ile d'Aix.

Anorthopygus costellatus, Desor, *Syn.*, p. 188°, pl. 22, f. 4.
>> *Pygaster costellatus*, Ag., *Cat. syst.* p. 7.
>> Ile d'Aix.

Caratomus faba, Ag., *Cat. syst.*, p. 7, d'Orb., *Ter. crét.*, t. VI, p. 366,
>> pl. 940.
>> Ile d'Aix.

—   rostratus, Ag., *Cat. syst.*, p. 7, d'Orb., *Ter. crét.*, t. VI,
>> p. 367, pl. 941, f. 4-5.
>> Fouras.

—   trigonopygus, Ag., *Cat. rais.*, p. 93. d'Orb., *Ter. crét.* t. VI,
>> p. 365, pl. 939.
>> Fouras.

—   latirostris, Des. et Ag., *Cat.*, p. 93, d'Orb., *Prod.*, t. VI,
>> p. 178, n° 648.
>> Fouras.

Pygaulus subæqualis, Ag., *Cat. syst.*, p. 4, d'Orb., t. VI, p. 358,
>> pl. 986.
>> *P. affinis*, Ag., *Cat. rais.*, p. 101.
>> Montagant, Ile d'Aix.

—   macropygus, Desor., *Cat. rais.*, p. 101. d'Orb., t. VI, p. 357,
>> pl. 985.
>> Fouras.

Catopygus carinatus, Ag., *Cat. syst.*, p. 4, Desor, *Synop.*, p. 283,
>> pl. 34, f. 4-4.
>> *Nucleolites carinatus.* Goldf., *Petr. Germ.*, p. 14. pl. 43.
>> fig. 44.
>> Fouras.

—   columbarius, d'Archiac, *Mém. soc. géol.*, t. II, pl. 13, f. 3 :
>> d'Orb., t. VI, pl. 970.
>> Sillac, Fouras.

—   obtusus, Desor., *Sinops.*, p. 285.
>> Montagant.

Nucleolites similis, d'Orb., *Ter. crét.*, pl. 588, fig. 4-4.
>> Montagant, en face de Jarnac.

Pygurus lampas, Desor., *Synop.*, p. 344.
>> *Echinolampas lampas*, De la Bèche, *Trans. geol. soc.*,
>> p. 42, pl. 3, f. 3-5.

Pygurus trilobus, Agas., *Cat. syst.*, p. 5.

P. oviformis, d'Orb., *Ter. crét.*, t. VI, p. 301, pl. 919.
> Montagant, Fouras.

Archiacia santonensis , d'Archiac, d'Orb., *Ter. crét.*, t. VI, p. 287,
pl. 912.
> Rochefort, Fouras.

— **gigantea**, d'Orb., t. VI, p. 286, pl. 910 et 911.
> Port-des-Barques.

— **sandalina**, Ag., *Cat. rais.*, p. 101, pl. 15, f. 24-26 ; d'Orb.,
t. VI p. 284, pl. 909, f. 6-11.
> *Clypeaster sandalinus*, d'Archiac.
> Angoulême, Fouras, Charras.

Micraster Michelini , Ag. , *Cat. rais.*, p. 129 ; d'Orb., t. VI, p. 205,
pl. 866 ; Desor, *Sinops.*, p. 363, pl. 41, f. 5-8.
> Montagant, Martrou, Thaims.

Holaster carinatus, d'Orb., *Ter. crét.*, t. VI, p. 104, pl. 818.
> *H. Sandoz*, Dubois, *Voy. au Caucase*, pl. 1, f. 11-13.
> *H. nasutus*, Desor, *Cat. rais.*, p. 134.
> Montagant, Ile d'Aix.

— **suborbicularis**, Ag., *Echin. suiss.*, t. I, p. 21 ; d'Orb., t. VI,
p. 93, pl. 814, f. 6-7, pl. 815.
> Ile d'Aix.

— **cenomanensis**, d'Orb., *Ter. crét.*, t. VI, p. 11, pl. 819, f. 7-12.
> Montagant.

Hemiaster similis, d'Orb., *Ter. crét.*, t. VI, p. 229, pl. 874.
> Port des Barques.

— **Leymerii**, Desor, d'Orb., *Ter. crét.*, t. VI, p. 232, pl. 875.
> Thaims, Pons.

— **nucleus**, Desor, d'Orb., t. VI, p. 240, pl. 876.
> Thaims.

— **Verneuilli** , Desor, d'Orb., t. VI, p. 235, pl. 878.
> Thaims.

— **Orbignyi**, Desor, *Synops.*, p. 377.
> Thaims.

Periaster elatus, d'Orb., *Ter. crét.*, t. VI, p. 270, pl. 897.
> *Hemiaster elatus*, Desor, *Cat. rais.*, p. 123.
> Montagant, Fouras, Charras.

— **undulatus**, d'Orb., *Ter. crét.*, t. VI, p. 272, pl. 898.
> *Micraster undulatus*, Agas., *Cat. rais.*, p. 130.
> Fouras, Ile Madame.

— **conicus**, d'Orb., *Cat. rais*, t. VI, p. 274, pl. 899.
> Soubise.

5

Zoophytes.

Ellipsosmilia cornucopiæ, d'Orb., *Prodr.*, t. II, p. 181, n° 687.
  Montlivaltia cornucopiæ, Edw. et Haime, 1848, *Ann. des sc. nat.*, p. 258.
  Ile d'Aix.
— **humilis**, d'Orb., *Prodr.*, t. II, p. 181, n° 688.
  Ile d'Aix.
Lasmophyllia pateriformis, d'Orb., *Prodr.*, t. II, p. 181, n° 690.
  Anthophyllum pateriforme, Mich., *Icon. zoophyt.*, pl. 50, fig. 3.
  Angoulême, Ile d'Aix.
— **meandra**, d'Orb., *Prodr.* t. II, p. 181, n° 691.
  Ile d'Aix.
Cælosmilia sulcata, d'Orb., *Prodr.*, t. II, p. 181, n° 693.
  Anthophyllum sulcatum, Mich., *Icon. zoophyt.*, pl. 50, fig. 5.
  Angoulême, Ile d'Aix.
Funginella elegans, d'Orb., *Prodr.*, t. II, p. 181, n° 697.
  Ile d'Aix.
Amblophyllia cretacca, d'Orb., *Prodr.*, t. II, p. 182, n° 699.
  Ile d'Aix.
Dactylosmilia carentonensis, d'Orb., *Prodr.*, t. II, p. 182, n° 701.
  Ile d'Aix.
Barysmilia confusa, d'Orb., *Prodr.*, t. II, p. 182, n° 701.
  Ile d'Aix.
Cyclocænia rustica, d'Orb., *Prodr.*, t. II, p. 182, n° 702.
  Ile d'Aix.
Cryptocænia carentoniana, d'Orb., *Prodr.*, t. II, p. 182, n° 703.
  Ile d'Aix.
— **Fleuriausi**, d'Orb., *Prodr.*, t. II, p. 182, n° 704.
  Ile d'Aix.
— **rustica**, d'Orb., *Prodr.*, t. II, p. 182, n° 705.
  Nancras.
Stephanocænia coniacensis, d'Orb., *Prodr.*, t. II, p. 182, n° 706.
  Environs de Cognac.
— **grandipora**, d'Orb., *Prodr.*, t. II, p. 182, n° 707.
  Ile d'Aix.
— **carentonensis**, d'Orb., *Prodr.*, t. II, p. 182, n° 709.
  Ile d'Aix.
— **littoralis**, d'Orb, *Prod.*, t. II, p. 182, n° 710.
  Ile d'Aix.
— **Fleuriausi**, d'Orb., *Prodr.*, t. II, p. 182, n° 711.
  Ile d'Aix.

Astrocænia carentonensis, d'Orb., *Prodr.*, t. II, p. 182, n° 714.
St-Trojan.
Synastrea pinnata, d'Orb., *Prodr.*, t. II, p. 182, n° 715.
Ile Madame.
Centrastrea cenomana, d'Orb., *Prod.*, t. II, p. 183, n° 719.
Astrea agaricites, Mich., *Icon. zoophyt.*, pl. 50, f. 12.
St-Trojan.
— Michelini, d'Orb., *Prodr.*, t. II, p. 183, n° 720.
Astrea microxona, Mich., *Icon. zooph.*, p. 200, pl. 50,
fig. 10
Nersac, Fouras.
Stellaria rustica, d'Orb., *Prodr.*, t. II., p. 183, n° 721'.
Ile d'Aix.
— elegans, d'Orb., *Prodr.*, t. II, p. 183, n° 722.
Ile d'Aix.
Polytremacis bullosa, d'Orb., *Prodr.*, t. II, p. 183, n° 723.
Ile d'Aix.
Dactylacis ramosa, d'Orb., *Prodr.*, t. II, p. 183, n° 724.
Ile d'Aix.

Amorphozoaires.

Hippalimus fungioides, Lamour., Mich., *Iconog. zoophyt,*, pl. 36, f. 2.
Ile Madame.
Stellispongia microstella, d'Orb., *Prodr.*, t. II, p. 188, n° 791.
Ile Madame.
Amorphospongia carentonensis, d'Orb., *Prodr.*, t. II, p. 188, n° 804.
Ile d'Aix.
— Gaudryi, d'Orb., *Prodr.*, t. II, p. 188, n° 809.
Ile d'Aix.
— digitata, d'Orb., *Prodr.*, t. II, 188, n° 805.
Ile Madame.

Foraminifères.

Cyclolina cretacea, d'Orb., *Prodr.*, t. II, p. 184, n° 742.
Ile Madame.
Orbitolina plana, d'Archiac, *Mém. Soc. géol.*; t. II, p. 178.
Cherves, Angoulême.
— mamillata, d'Archiac, *loc. cit.*, p. 178.
Angoulême, Cherves.
— concava, Lam., Mich., *Icon. zoophyt.*, p. 28. pl. 7, f. 9.
O. conica, d'Archiac, *Mém. Soc. géol,*, t. II, p. 178.
Fouras.
Dentalina rustica, d'Orb., *Prodr.*, t. II, p. 185, n° 746.
Ile Madame.

Cristellaria carentina, d'Orb., *Prodr.*, t. II, p. 185 , n° 752.
Port des Barques.
Lituola rugosa, d'Orb., *Prodr.*, t. II, p. 185, n° 755.
Port des Barques.
Alveolina cretacea d'Archiac, *Mém. Soc. géol.*, t. II.
Angoulême, Cherves, St-Trojan, Montagant.
— **ovum** , d'Orb., *Prodr.*, t. II , p. 185 , n° 757.
Cherves, St-Sulpice.
Chrysalidina gradata, d'Orb., *Prodr.*, t. II , p. 185 , n° 761.
Angoulême.
Cuneolina pavonia, d'Orb., *Prodr.*, t. II , p. 186 , n° 762.
Ile Madame.
— **conica**, d'Orb., *Prodr.*, t. II , p. 186 , n° 762'.
Ile Madame.
— **Fleuriausi**, d'Orb., *Prodr.*. t. II, p. 186 , n° 763.
Ile Madame.

C. ÉTAGE ANGOUMIEN.

MOLLUSQUES. — Céphalopodes.

Nautilus sublævigatus, d'Orb., *Prodr.*, t. II , p. 189, n° 2.
N. lævigatus , d'Orb., *Ter. crét.*, t. I, p. 84 , pl. 17.
Angoulême.
— **Sowerbyi**, d'Orb., *Ter. crét.*, t. I, pl. 17, p. 84.
Angoulême.
Ammonites Alphonsii, H. Coq.
Hauteur : 190 mm., largeur : 152 mm., épaisseur : 100 mm.
Coquille subglobuleuse, ombiliquée ; marquée dans le jeune âge de côtes régulières qui passent sur le dos , devenant complétement lisse dans l'âge adulte ; dos rond et large ; spire presque embrassante , composée de tours très-convexes et peu apparents dans l'ombilic. Bouche plus large que haute, très-déprimée, arrondie en avant, fortement échancrée par le retour de la spire.
Cette espèce, de la famille des *macrocephali*, ne peut être confondue avec aucune autre ammonite.
Découverte par M. de Rochebrune sous Angoulême.
— **Boucheroni**, H. Coq.
Hauteur : 110 mm., largeur : 100 mm., épaisseur : 90 mm.
Coquille globuleuse, arrondie, presque aussi épaisse que large, sans ombilic apparent ; spire tout-à-fait embrassante, composée de tours convexes, arrondis, marqués de côtes assez épaisses , espacées , se réunissant en

faisceau près de l'ombilic et passant de l'autre côté du
dos. Ces côtes s'atténuent et disparaissent complétement
vers la dernière loge dont la surface est lisse. Bouche
plus large que haute, déprimée, arrondie en avant, échancrée en arrière par le retour de la spire. Cette espèce,
remarquable par sa forme globuleuse et qui rappelle les
A. tumidus et *macrocephalus* du Kellovien, se distingue
nettement de toutes les ammonites de la craie. Jeune, elle
ressemble à l'A. *Alphonsii*, dont elle possède les ornements.
Cependant, comme elle a été trouvée à l'état adulte, puisque
le dernier tour manque de côtes, elle ne saurait lui être
rapportée. Dans l'hypothèse peu probable où ces deux
espèces devraient être confondues, il faudrait admettre
qu'elles éprouvent, suivant l'âge, un système différent
d'enroulement qui en changerait complétement la forme.
Nous n'avons pas à notre disposition des exemplaires assez
nombreux pour constater ces changements : toutefois la
présence d'un ombilic très-ouvert dans l'A. *Alphonsii*, nous
autorise à la considérer comme une espèce distincte.

Découverte par M. de Rochebrune sous Angoulême.

Ammonites Rochebruni, H. Coq.

Cette coquille varie notablement suivant l'âge.

Jeune âge. —Discoïdale, ornée de deux rangées de tubercules obtus, très-saillants, une, disposée sur le pourtour
extérieur et la seconde autour de l'ombilic; ces tubercules
sont externes. On remarque, en outre, sur le dos, deux
autres rangées de tubercules un peu allongés, de forme
elliptique et placés sur la même ligne que les tubercules
extérieurs. Il résulte de cette disposition que le dos de la
coquille porte trois sillons intertuberculeux ; le sillon
dorsal est plus profondément excavé que les deux latéraux.
Tubercules externes et dorsaux au nombre de 12 ou 13
par tour de spire ; ombilic très-peu ouvert.

Age adulte. — Coquille discoïdale présentant dans les
deux premiers tours la disposition précédemment décrite,
mais à partir de là, devenant plus plate, l'ombilic plus
large et les tubercules du pourtour de l'ombilic et du côté
externe de l'ombilic plus épais et plus rares, en même
temps qu'ils deviennent plus gros et prennent la forme de
mamelons coniques, acuminés à leur sommet. Les tubercules dorsaux disparaissent complétement. Le dos devient
alors convexe, étroit, seulement il s'élargit dans la région
où il est dominé par les tubercules extérieurs, de sorte

qu'il présente des renflements et des rétrécissements alternatifs. Bouche subquadrangulaire, à peine échancrée par le retour de la spire. Découverte par M. de Rochebrune, à Sirac, près Angoulême, à la base de l'étage.

L'École des mines en possède un exemplaire recueilli à Saumur avec le *Radiolites cornu-pastoris*.

Ammonites Geslini, d'Orb., *Prodr.*, t. II, p. 146, n° 18.

A. *Catillus*, d'Orb., *Ter. crét.*, t. I, p. 325, pl. 97, f. 1-2.

Recueillie par M. de Rochebrune, sous Angoulême, à la base de l'étage.

— **Requieni**, d'Orb., *Ter. crét.*, t. I, p. 315, pl. 93.
Angoulême.

— **peramplus**, Mantell, *Geol. of Sussex*, d'Orb., *Ter. crét.*, t. I, p. 333, pl. 100, f. 1-2.
Angoulême.

— **papalis**, d'Orb., *Ter. crét.*, t. I, p. 351, pl. 109, f. 1-3.
Angoulême.

— **Ganiveti**. H. Coq.

Hauteur : 120 mm., largeur : 95 mm.

Coquille comprimée, tranchante à son pourtour, lisse sur les côtés, marquée, par tour, de 11 grosses côtes saillantes, épaisses, en forme de jantes de roue qui partent du pourtour de l'ombilic et viennent se perdre aux deux tiers de la coquille. Dos tranchant et très-aigu. Spire embrassante se composant de tours nombreux triangulaires. Ombilic étroit. Bouche très-comprimée, en fer de flèche très-aigu en avant.

Cette espèce est voisine de l'*A. Requieni*, mais elle s'en sépare très-nettement par ses côtes rayonnantes.

Découverte par M. de Rochebrune à Sirac,

— **Trigeri**. H. Coq,

Hauteur : 144 mm., largeur : 120 mm.

Coquille discoïdale, comprimée, lisse, sans ombilic apparent. Spire composée de tours embrassants, convexes. Bouche semilunaire, échancrée par le retour de la spire ; dos arrondi.

Cette espèce rappelle les A. *clypciformis* et *Largillierianus* ; mais elle se distingue de la première par son dos obtus et l'absence d'ombilic ; la deuxième a le dos carré.

Découverte par M. de Rochebrune à Sirac.

— **Deveriæ**, d'Orb., *Ter. crét.*, t. I, p. 356, pl. 110.
Angoulême.

Gastéropodes.

Natica carentonensis. H. Coq.

Hauteur : 50 mm.

Coquille oblongue, conique, lisse, spire régulière, composée de tours arrondis, convexes, un peu saillants en gradins, séparés par une suture profonde. Bouche ovale, arrondie en avant, très-oblique du dehors en dedans ; ombilic étroit, arrondi et profond.

Cette espèce rappelle, par sa forme, les *N. prælonga* et *bulimoïdes* ; mais elle s'en distingue par sa taille, la présence de son ombilic et la direction de sa bouche.

Découverte par M. de Rochebrune sous Angoulême.

Pleurotomaria Rochebruni. H. Coq.

Hauteur : 33 mm., largeur : 45 mm.

Coquille déprimée, large, spire composée de tours convexes, dont le dernier est largement ombiliqué et infundibuliforme. Bouche ovale, un peu arrondie ; sinus faiblement indiqué, placé aux deux tiers supérieurs du dernier tour.

Cette espèce, voisine du *P. turbinoides,* s'en distingue par sa taille plus petite et surtout par ses tours moins cylindriques.

Découverte sous Angoulême par M. de Rochebrune.

— **Gallieni**, d'Orb., *Ter. crét.*, t. II, p. 256, pl. 197.

Angoulême, Clergon, Châteauneuf.

Pterodonta intermedia, d'Orb., *Ter. crét.*, t. II, p. 319, pl. 220, f. 1.

Angoulême.

Cerithium Toucasi, d'Orb., *Prodr.*, t. II, p. 230, n° 401.

Pons.

Nerinea subæqualis, d'Orb., *Ter. crét.*, t. II, p. 93, pl. 162, f. 5-6.

Pons.

Acéphales.

Venus Noueli, d'Orb., *Prodr.*, t. II, p. 195, n° 110.

Châteauneuf.

Arca Noueli, d'Orb., *Prodr.*, t. II, p. 196, n° 133.

Bagnolet, près Cognac.

Cardium guttiferum, Math., *catal.*, p. 156, pl. 18, f. 1-2, d'Orb., *Prodr.*, t. II, p. 195, n° 122.

Angoulême.

— **productum**, Sow., *Géol. soc.*, pl. 39, f. 15, d'Orb., *Ter. crét.*, t. III, p. 34, pl. 247.

Saint-Même, Parc de Cognac.

Chama Archiaci. H. Coq.

> *Caprotina Archiaciana* . d'Orb., *Ann. des Sc. nat.*, 1842, p. 484.
> *Requienia Archiaciana,* d'Orb., *Ter. crét.*, t. IV, p. 263, pl. 597.
> Angoulême, Châteauneuf.

Ostrea Rochebruni, H. Coq.

> Coquille inéquivalve, irrégulière, déprimée ; valve supérieure plane, très-légèrement concave, lisse, coupée carrément du côté du ligament et formant deux oreillettes à peu près égales, arrondie vers la région palléale. Valve inférieure adhérente par le sommet, bombée et gibbeuse. marquée de plis costulés, nombreux, profonds, irréguliers, ne remontant pas jusqu'au sommet de la coquille, mais s'arrêtant vers la surface adhérente qui est lisse et dont la largeur varie suivant les individus. Sommet aigu, mais engagé dans les expansions auriculaires qui ne le dépassent jamais, ce qui fait que la région cardinale est terminée par une ligne droite ; fossette du ligament médiane, profonde, courbée en forme de bec arqué, creusée de rides concentriques, et à laquelle aboutissent de chaque côté deux sillons parallèles à l'apparition des oreillettes. Impression musculaire ovale et profonde.
>
> Chaumes de Crage près Angoulême, Châteauneuf.

Rudistes.

Radiolites angulosus, d'Orb., *Ter. crét.*, t. 4, p. 220, pl. 562, f. 1-4.

> *R. irregularis*, d'Orb., t. 4., p. 221, pl. 562, f. 5-7.
> *Biradiolites quadrata*, d'Orb., t. 4, p. 232. pl. 574, fig. 1-6.
> *B. angulosa*, d'Orb., t. IV, p. 233, pl. 574, f. 7-11.
> Angoulême, Pons, Pyles, Rochebeaucourt.

— **lumbricalis,** d'Orb.. *Ter. crét.*, t IV, p. 214, pl. 555, f. 1-7.

> Angoulême, Sers, Châteauneuf, St-Même, Cognac, Pons. Rochebeaucourt.

— **cornu-pastoris,** Bayle, *Bull. soc. géol.*, t. XIII, p. 139, pl. 9.

> *Hippurites cornu-pastoris* des Moul., *Essai sur les sph.*, p. 141, pl. 1, f. 1-2.
> *Biradiolites cornu-pastoris,* d'Orb., *Ter. crét.*, t. IV, p. 234, pl. 573.
> Angoulême, Châteauneuf, Pyles, Rochebeaucourt.

Sphærulites ponsianus, d'Archiac, *Mém. soc. géol.*, t. II, p. 182, pl. 11, fig. 6.

Radiolites ponsiana, d'Orb., *Ter. crét.*, t. IV, p. 210, pl. 552.

R. Desmoulinsiana, d'Orb., t. IV p. 209, pl. 551, f. 2, 3, 4 (*non* 1, 5, 6, 7).

R. Sauvagesii, d'Orb., t. IV, p. 211, pl. 553, fig. 1, 2, 3, 4, 7, 8 (*non* 5 et 6).

Angoulême, Châteauneuf, Pons.

Sphærulites Beaumonti, Bayle, *Bull. Soc. géol.*, t. XIV, p. 694.

Radiolites radiosa, d'Orb., *Ter. crét.*, t. IV, p. 242, pl. 554, fig. 5, 6, 7 (*non* 1, 2, 3, 4).

Pons.

Bryozoaires.

Cellaria turonensis, d'Orb., *Ter. crét.*, t. V, p. 183, pl. 679, fig. 9-11.
Angoulême.

Fusicellaria pulchella, d'Orb., t. V, p. 186, pl 680, fig. 1-6.
Angoulême.

Vincularia quadrilatera, d'Orb., t. V, p. 189, pl. 681, fig. 1-3.
Angoulême.

— **ponsiana**, d'Orb., t. V, p. 191, pl. 681, fig. 7-9.
Pons.

Eschara echinata, d'Orb., t. V, p. 191, pl. 681, fig. 7-9.
Pons.

Escharipora chrysalis, d'Orb., t. V, p. 228, pl. 686, fig. 6-8.
Pons.

Biflustra inæqualis, d'Orb., t. V, p. 247, pl. 688, fig. 1-3.
Angoulême.

— **simplex**, d'Orb., t. V, p. 248, pl. 688, fig. 4-6.
Angoulême.

— **ogivalis**, d'Orb., t. V, p. 249, pl. 688, fig. 13-15.
Angoulême.

— **ligeriensis**, d'Orb., t. V, p. 276, pl. 695, fig. 11-13.
Pons.

— **meudonensis**, d'Orb., t. V, p. 263, pl. 692, fig. 4-6.
Pons.

— **heteropora**, d'Orb., t. V, p. 261, pl. 691, fig. 12-16.
Pons.

— **gracilis**, d'Orb., t. V, p. 258, pl. 690, fig. 11-13.
Pons.

Filiflustra compressa, d'Orb., t. V, p. 241, pl. 687, fig. 7-9.
Pons.

Frustrella pulchella, d'Orb., t. V, p. 284, pl. 697, fig. 1-4.
Pons.

Frustrella regularis, d'Orb., t. V, p. 287, pl. 698, fig. 1-4.
Pons.

— **irregularis**, d'Orb., t. V, p. 288, pl. 698, fig. 8-11.
Pons.

Flustrina transversa, d'Orb., t. V, p. 299, pl. 701, fig. 1-3.
Pons.

— **triforata**, d'Orb., t. V, p. 308, pl. 703, fig. 7-9.
Pons.

Semieschara inornata, d'Orb., t. V, p. 376, pl. 709, fig. 13-16.
Pons.

Cellepora santonensis, d'Orb., t. V, p. 410, pl. 606, fig. 3-4.
Pons.

Flustrellaria Franquana, d'Orb., t. V, p. 525, pl. 725, fig. 13-14.
Pons.

Membranipora ovalis, d'Orb., t. V, p. 548, pl. 728, fig. 20-22.
Angoulême.

Melicertites foricula, d'Orb., t. V, p. 624, pl. 737, fig. 1-3.
Angoulême.

Semielea Vieilbanci, d'Orb., t. V, p. 636, pl. 637, fig. 7-8; pl. 738.
fig. 5-9.
Angoulême.

Reptelea pulchella, d'Orb., t. V, p. 642, pl. 738, fig. 16-17.
Pons.

Laterotubigera flexuosa, d'Orb., Ter. crét., t. V, p. 746, pl. 754,
fig. 2-4.
Angoulême.

Idmonea carentina, d'Orb., t. V, p. 734, pl. 748, fig. 1-5.
Angoulême.

— **lata**, d'Orb., t. V, p. 734, pl. 748, fig. 6-10.
Angoulême.

Entalophora inconstans, d'Orb., t. V, p. 786, pl. 754, fig. 15-17.
Angoulême.

Filisparsa reticulata, d'Orb., t. V, p. 820, pl. 757, fig. 1-4.
Angoulême.

Discosparsa cupula, d'Orb., t. V, p. 822, pl. 758, fig. 1-5.
Angoulême.

Proboscina radiolitorum, d'Orb., t. V, p. 854, pl. 633, fig. 8-10.
Angoulême.

Claviclausa elegans, d'Orb., t. V, p. 891, pl. 765, fig. 6-9.
Angoulême.

Cavea regularis, d'Orb., t. V, p. 943, pl. 774, fig. 1-3.
Angoulême.

Sparsicavea carentina, d'Orb., t. V, p. 950, pl. 775, fig. 1-3.
Angoulême.

Truncatella alternata, d'Orb., t. V, p. 1057, pl. 797, fig. 1-4.
Angoulême.
Filicrisina verticillata, d'Orb., t. V. p. 944, pl. 769, fig. 5-10.
Pons.
Reptomulticavea mamilla, d'Orb., t. V, p 1044, fig. 3-4.
Polytrema mamilla, d'Orb., *Prodr.*, t. II, n° 1341.
Pons.

D. ÉTAGE PROVENCIEN.

MOLLUSQUES. — Gastéropodes.

Nerinea pauperata, d'Orb., *Ter. crét.*, t. II, p. 90, pl. 164, f, 6-7.
Châteauneuf.
— **Requieni**, d'Orb., t. II, p. 94, pl. 163. fig. 1-3.
Châteauneuf.
— **uchauxiana**, d'Orb., t. II, p. 98, pl. 164, fig. 1.
Chez-Delaisse (Châteauneuf).
Natica Martinii, d'Orb., *Ter. crét.*, t. II, p. 164, pl, 174, fig. 5.
Puymoyen.
Cerithium ponsianum, d'Orb., *Prodr.*, t. II, p. 193, n° 90.
Pons.
Turritella coniacensis, H. Coq.
Longueur : 70 mm.
Coquille conique, composée de 8 tours réguliers, ornés
de côtes larges, épaisses et fluxueuses, perpendiculaires
au plan d'enroulement, et séparés par des sillons d'égale
dimension.
Cognac.
Pterocera Arnaudi, H. Coq.
Longueur : 80 mm., largeur : 32 mm.
Coquille allongée, oviforme, formée de 6 tours réguliers;
les deux derniers formant les deux tiers de la longueur
totale : l'avant-dernier tour est fort renflé : canal étroit,
aboutissant à un sinus aigu : ouverture étroite; chaque tour
est marqué d'une suture nettement indiquée.
Cette espèce a été découverte par M. Arnaud, à Gourd de
l'Arche (Dordogne).

Acéphales.

Arca Beaumonti, d'Orb., *Ter. crét.*, t. III, p. 237, pl. 324.
• Chez-Delaisse.
Spondylus histrix? Goldf., *Petr. Germ.*. t. II, p. 96, pl. 185, fig. 8.
Chez-Delaisse.

Rudistes.

Sphærulites Trigeri, H. Coq.

Coquille conique , un peu comprimée , ordinairement rugueuse et frangée, quelquefois lisse ou du moins ornée de stries transversales ondulées, fines et régulières , portant sur sa longueur de nombreuses saillies irrégulières , anguleuses , séparées par des sillons plats. Ces plis sont beaucoup plus nombreux sur le côté interne de la coquille. On y remarque de plus les deux bandes propres au genre *biradiolites* de d'Orbigny. Cette espèce varie aussi dans des limites très-larges , suivant les individus, soit dans le rapprochement des plis externes , soit dans la taille. Valve supérieure conique, saillante, en forme de cabochon.

    Chez-Delaisse.

— **Sauvagesi** , Bayle.

Hippurites Sauvagesi , Hombres-Firmas, *Rec. de Mém.*, t. IV, p. 176 et 193. pl. 3, fig. 1-8.

Radiolites Sauvagesi, d'Orb., *Ter. crét.*, t. IV, p. 211 , pl. 553, fig. 5-6 (*non* 1, 2, 3, 4, 7, 8).

R. radiosa, d'Orb., *Ter. crét.*, t. IV, p. 212, pl. 554, f. 4 (*non* 1, 2, 3, 5, 6, 7).

R. socialis, d'Orb., t. IV, pl. 555, fig. 1, 2, 3.

Angoulême, Châteauneuf, Cognac, Richemont. Dordogne.

— **radiosus**, Bayle.

Radiolites radiosa , d'Orb. , *Ter. crét.* , t. IV, p. 212 , pl. 554, fig. 1-2-3 (*non* f. 4, 5, 6. 7).

Angoulême, Châteauneuf, Cognac.

Radiolites Arnaudi, H. Coq.

Long. 40 mm.

Espèce de forme quadrangulaire, lisse, avec arêtes tranchantes, s'épanouissant quelquefois en lames : valve operculaire enfoncée profondément dans la valve conique et devenant infundibuliforme.

Découverte par M. Arnaud, à Gourd de l'Arche, près Périgueux.

Hippurites cornu-vaccinum, Bronn., d'Orb., *Ter. crét.*, t. IV, p. 162. pl. 526, 527.

Bayle, *Bull. soc. géol.*, t. XIV, p. 665, pl. 15, f 1-3.

H. radiosus, Goldf., *Petr. Germ.*, p. 300, pl. 164, f. 2 *a, b.*

H. costulatus, Goldf., pl. 165, f. 2 *a* (*non* 2*b, c, d, e.*).

H. inæquicostatus, Goldf., pl. 165, f. 4.

H. gallo-provincialis, Matheron, *Catal.*, p. 127, pl. 9. f. 1-3.

H. dentata, Math., pl. 9, f. 6.

H. lata, Math., pl. 9, f. 4–5.

H. radiosa, Math., p. 125.

H. gigantea, Math., p. 126.

H. arborea, Lanza, *Bull. soc. géol.,* t. XIII, pl. VIII, f. 9.

H. intricata, Lanza, pl. VIII, f. 8.

Angoulême, Châteauneuf, Cognac, Pons.

— **organisans,** Des Moulins, d'Orb., *Ter. crét.,* t. IV, p. 173, pl. 533.

    H. costulatus, Goldf., *Petref. Germ.,* p. 302, pl. 165, f. 2 *b. non* f. 2, *a, c, d, e.*

    H. sulcatus, Goldf., pl. 165, f. 3 *c, d, (non* f. 3 *a, b.).*

    H. Toucasiana, d'Orb., *Ter. crét.,* p. 172, pl. 532.

    Angoulême, Cognac, Pons.

Rayonnés. — Zoophytes.

Cyclolites elliptica, Lam., *Anim. sans vert.,* t. II, p. 232.

    Fungia polymorpha, Goldf., *Petrefacta Germaniœ,* t. I, pl. 14, f. 6.

    Chez-Delaisse, Périgueux.

Funginella hemisphærica, d'Orb., *Prodr.,* t. II, p. 201, n° 240.

    Fungia polymorpha, Mich., *Iconographie zooph.,* pl. 14, f. 6. *e, f.*

    F. corbarica, Mich., pl. 64, f. 5.

    Cyclolites hemisphærica, Lam., *Anim. sans vert.,* 2.

    Chez-Delaisse.

Ellipsosmilia cuneolus, d'Orb., *Prodr.,* t. II, p. 502, n° 243 a.

    Trochosmilia cuneolus, Edw. et Haime, 1848, *Ann. des sc. nat.,* 10, p. 237.

    Turbinolia cuneolus, Mich., *Icon. zooph.,* pl. 66, f. 2.

    Chez-Delaisse.

— **carentonensis,** d'Orb., *Prod.,* t. II, p. 202, n° 244.

    Pons.

Phyllocænia pediculata, Edw. et Haime, *Ann. des sc. nat.,* 10.

    Astrea pediculata, Mich., *Icon. zooph.,* pl. 70, f. 1.

    Chez-Pelletier, Châteauneuf.

Astrocænia formosa, d'Orb., *Prodr.,* t. II, p. 205, n° 282.

    Astrea formosa, Mich., *Icon. zooph.,* pl. 71, f. 5.

    Astrocænia Koninckii, Edw. et Haime, 1848, *Ann. sc. nat.,* p. 292.

    Chez-Delaisse.

Astrea sulcato-lamellosa, Mich., *Icon. zooph.,* pr 22, pl. 5, f. 6.

    Chez-Delaisse.

Synastrea cistella, Edw. et Haime, d'Orb., *Prodr.*, t. II, p, 206, n° 306.

> *Astrea cistela*, Defr., *Dict. sc. nat.*, 42, p. 388.
> Chez-Delaisse.

— **microxona**, H. Coq.

> *Astrea microxona*, Mich., *Icon. zooph.*, pl. 4, f. 11.
> Chez-Pelletier.

Meandrina radiata, Mich., *Icon. zooph.*, p. 294, pl. 68, f. 3.

> Chez-Pelletier.

Polytrema Coquandi, d'Orb., *Prodr.*, t. II, p. 209, n° 350.

> *Chœtetes Coquandi*, Mich., *Icon. zooph.*, p.306, pl. 73, f. 3.
> St-Même.

CRAIE SUPÉRIEURE.

A. ÉTAGE CONIACIEN.

VERTÉBRÉS. — Reptiles.

Mosasaurus carentoneusis, H. Coq.

> Les débris de cette espèce consistent en une dent bien conservée dont le diamètre à la base est de 26 mm. et la hauteur 44 mm. La surface de la couronne est ornée de stries longitudinales parallèles, fines comme un fil de soie, beaucoup plus nettement indiquées sur la face postérieure que sur l'antérieure. On remarque sur celle-ci quelques sillons, sous forme de cannelures irrégulièrement espacées qui manquent sur la première face. La dent est comprimée d'avant en arrière et présente une arête tranchante à sa partie externe. Elle est pleine.
> Faubourg St-Jacques (Cognac).

Poissons.

Orthodon Condamyi, H. Coq.

> Ce genre a les dents tricuspides comme le genre *Scylliodus;* mais leur base est beaucoup plus étroite et les deux dentelons latéraux sont bien moins écartés.
> La dent que nous possédons a pour longueur totale 60 mm. et pour largeur, à la base de la racine, 35 mm. Elle est pleine, droite, triangulaire, aiguë, tranchante, convexe sur sa face externe, légèrement aplatie dans la région médiane ; portant de chaque côté, vers sa base, deux dentelons de forme surbaissée, tranchants; face interne plane, séparée en deux régions par un bourrelet médian plus saillant ; bords extrêmement tranchants et accompagnés d'une légère rainure parallèle.

Cette dent remarquable autant par sa forme que par sa conservation et dont aucun genre connu de la famille des squalides ne présente les particularités a été découverte à Cognac même par M. Condamy, pharmacien. Elle appartient à la famille des squales à dents lisses.

Pycnodus coniacensis, H. Coq.

Une portion de machoire a été découverte par M. Arnaud à St-Martin-de-Cognac. Les trois dernières dents de la rangée moyenne sont légèrement recourbées à leur partie antérieure et de forme subtriangulaire ; les trois premières sont subromboïdales. Les dents des rangées internes et externes ont leur surface usée par le frottement.

Articulés. — Crustacés.

Les seuls débris recueillis consistent en de nombreuses pinces.

Cognac, Plassac, Maine-aux-Anges, Ronsenac.

Mollusques. — Céphalopodes.

Nautilus. — Espèce indéterminable.

Cognac.

Ammonites Noueli, d'Orb., *Prodr.*, t. II, p. 212.

Cagouillet près Cognac, Malberchie.

Gastéropodes.

Acteonella crassa, d'Orb., *Ter. crét.*, t. II, p.111, pl.166.

Le Vivier, près Blanzaguet.

Phasianella Rochebruni, H. Coq.

Hauteur: 92 mm. Largeur du dernier tour: 35 mm.

Coquille allongée, conique, non ombiliquée, à spire composée de tours convexes, lisses, séparés par une suture profonde en forme de canal. Bouche ovale, comprimée.

Épagnac, à l'E. d'Angoulême.

P. coniasensis, H. Coq.

Hauteur : 60 mm. Largeur du dernier tour : 25 mm.

Coquille conique, non ombiliquée à spire composée de tours réguliers, lisses, séparés par une suture profonde canaliculée. Bouche ovale, comprimée.

Cette espèce voisine de la *P. supracretacea* s'en distingue par sa taille plus petite, par ses tours moins larges et par l'arrangement de ces derniers qui ne sont pas disposés en gradins.

Épagnac, Cognac.

Acéphales.

Cyprina coniacensis, H. Coq.

Hauteur : 78 mm. Largeur : 72 mm.

Coquille renflée, épaisse, inéquilatérale, de forme rhomboïdale, un peu plus haute que large ; côté antérieur court, légèrement excavé, oblique ; côté postérieur long, oblique, arrondi à son extrémité; crochets peu saillants, rapprochés; impressions musculaires antérieures peu saillantes ; valves bombées. Cette espèce voisine de la *C. quadrata* s'en distingue par sa forme plus arrondie, par ses sommets moins écartés et surtout par le peu de saillie de la région où l'on observe l'impression des muscles antérieurs.

Cognac.

NOTA. M. d'Orbygny a décrit sous le nom de *C. quadrata* des exemplaires provenant de localités diverses et d'étages différents ; aussi les figures qu'il en donne laissent subsister beaucoup d'incertitude sur les caractères de son espèce. Ainsi les individus de Rouen appartiennnent à l'étage rhotomagien, ceux de St-Calais à l'étage carentonien, ceux de Mussidan et de Reignac à la craie supérieure. Je possède une suite bien assortie de *Cyprina* de ces diverses provenances et j'ai pu m'assurer qu'il existe entre celles des différences spécifiques tranchées. Je conserve le nom de *quadrata* à l'espèce de Rouen.

Cardium coniacum, d'Orb., *Ter. crét,,* t. III, p. 28, pl. 244.

Cognac.

Lima multicostata, Gein., p. 28, pl. 8, f. 3.

Cognac.

— **Bauga**, d'Orb., *Prodr.*, t. II, p. 248, n° 779.

Cognac.

— **coniacensis**, d'Orb., *Prodr.*, t. II, p. 248, n° 780.

Cognac.

— **Rambaudi**, H. Coq.

Longueur : 35 mm. Largeur : 34 mm.

Coquille arrondie, trigone, fortement transverse, un peu renflée, ornée de côtes nombreuses, régulières, égales, droites, simples et anguleuses.

Cette espèce rappelle la *L. Marroti*; mais elle s'en distingue par sa forme plus transverse, par le plus grand nombre de ses côtes, par leur espacement régulier et surtout par leur terminaison en arêtes tranchantes.

Cognac.

Lima Trigeri, H. Coq.

> Longueur : 15 mm. Largeur : 12 mm.
>
> Coquille ovale, légèrement oblique, un peu renflée, ornée de côtes simples, très-régulières, peu saillantes, divisées en deux par un petit sillon médian, marquées de stries très-fines, transversales. Côté antérieur tronqué ; coté postérieur arrondi.
>
> Cognac.

— **semisulcata**, Goldf., *Petr. Germ.*, t. II, p. 90, pl. 104, fig. 3, d'Orb., *Ter. crét.*, t. III, p. 562, pl. 424, fig. 5-9.
> Cognac.

Janira decemcostata, d'Orb., *Ter. crét.*, t. III, p. 649, pl. 449, fig. 1-4.
> Cognac, Plassac.

— **quadricostata**, d'Orb., *Ter. crét.*, t. III, p. 644, pl. 447, fig. 1-7.
> Cognac, Malberchie, Plassac.

Pecten Marroti, H. Coq.

> Grande et belle espèce, ornée de beaucoup de côtes.
>
> Périgueux. Coll. de l'Ecole des Mines.

Arca sagittata, d'Orb., *Ter. crét.*, t. III, p. 231, pl. 319, fig. 12.
> Cognac, Richemont, Ronsenac, Périgueux.

Trigonia longirostris, d'Orb., *Prodr.*, t. II, p. 210, n° 595.
> Cognac.

— **tenuisulcata**, Dujard., *Mém. soc. géol.*, t. II, p. 225, pl. 15,
> Cognac, Ronsenac, Plassac.

Ostrea auricularis, H. Coq.

> *Gryphæa auricularis*, Brong., *Desc. env. Paris*, pl. N., fig. 9, A. B. (*non Exogyra auricularis*, Goldf.— *non Ostrea auricularis*, d'Orb., *Prodr.*, t. II, p. 256, n° 931).
>
> *Ostrea Matheroniana* d'Orb., *Ter. crét.*, t. III, p. 746, pl. 485, fig. 5 et 6 (*non* 1, 2, 3, 4, 7).
>
> Cognac, Javresac, St-André, Douvesse, Plassac, Épagnac, Ronsenac, Saintes, Périgueux.

— **Vulselloïdea**, H. Coq.

> Longueur : 43 mm., largeur : 23 mm.
>
> Coquille étroite, allongée, irrégulière, marquée de rugosités peu saillantes, dues à l'accroissement des valves. Crochet peu saillant, se continuant dans une expansion aliforme, un peu échancrée et portant à son extrémité plu-plusieurs denticulations frangées ; impression musculaire oblongue formant une lame tranchante dans l'intérieur de de la valve.

6

Cette espèce, qui a quelques analogies de forme avec l'*O. turonensis*, a été découverte par M. Arnaud au Gourd de l'Arche (Dordogne).

Ostrea trigoniformis, H. Coq.

Diam. transv. : 36 mm.; Hauteur 30 mm.

Coquille triangulaire, un peu plus longue que haute, ayant, quant à sa forme extérieure, les plus grandes analogies avec celle d'une Trigonie : têt mince, marqué de rides irrégulières, feuilletées, parallèles au bord palléal, d'où se détachent, vers la partie externe seulement, des côtes simples, courtes, assez épaisses, contrastant par leur direction avec les rides feuilletées : sommet peu saillant, recourbé à la manière d'une Exogyre : impression musculaire placée sur une lame saillante. Découverte par M. Arnaud dans les environs de Périgueux.

— **pseudo-Matheroni**, Arnaud, *not. inéd.*

Coquille gryphoïde, à valve supérieure plate, rugueuse, concave : à valve inférieure élevée, séparée en deux régions, par une arête très-saillante, épineuse, de laquelle se détachent des côtes épaisses, au nombre de 5 ou 6, séparées par de larges sillons plats.

Cette espèce se sépare de l'*O. auricularis*, par sa forme plus ramassée, par l'élévation de son arête médiane et par ses côtes, et de l'*O. coniacensis*, par sa forme moins épatée et son arête plus saillante.

Découverte par M. Arnaud, au Gourd de l'Arche.

— **coniacensis**, H. Coq.

Longueur : 58 mm., largeur : 55 mm., Hauteur : 40 mm.

Coquille oblique, contournée, presque aussi large que longue, iniquivalve, épaisse, valve inférieure très-convexe, élevée, séparée en deux régions inégales par une carène obtuse, saillante. Le côté externe de la carène est labouré par 6 côtes inégales, irrégulières, larges, dont deux plus saillantes. Le côté opposé présente des plis très-rapprochés au nombre de 6, contigus, à surface lisse. Le sommet contourné à la manière des *Exogyra*. Cette espèce a été confondue avec les *O. Matheroni* et *auricularis*. Elle se distingue de la première par une forme plus épatée, presque globuleuse, par l'irrégularité de ses côtes et par son sommet moins spiral. L'*O. auricularis* est plus contournée en demi cercle, beaucoup moins épaisse, plus régulière et à sommet plus obtus. Dans le jeune âge les valves de l'*O. coniacensis* sont lisses, ou bien marquées de côtes légèrement indiquées ; de plus le crochet est obtus : mais elle conserve toujours sa forme large et épatée qui sert à la faire reconnaître au premier coup d'œil.

Cognac, Javresac, Ronsenac.

Ostrea Salignaci, H. Coq

Espèce rappelant par sa forme générale les *O. hippopodium* et *talmontiana*, mais s'en distinguant par plusieurs autres caractères.

Cognac.

Rudistes.

Sphærulites Coquandi, Bayle, *Bul. soc. géol.*, t. XIV, p. 687.
Radiolites sinuata, d'Orb., *Ter. crét.*, t. IV, p. 227, pl. 570, fig. 5 (*non* f. 1, 2, 3, 4).
Plassac, Édon.

Radiolites Mauldei, H. Coq.
Espèce voisine du *Royanus*.
Toutyfaut, près d'Angoulême.

Hippurites sarthacensis, H. Coq.
Coquille conique, dilatée, un peu oblique, souvent agrégée, ornée de stries longitudinales, régulières, fines, interrompues de distance en distance par des lignes d'accroissement très-marquées, légèrement déprimées sur le côté externe.

Valve operculaire inconnue.

Cette espèce remarquable par le système de ses stries et par l'effacement des sinus placés entre les deux sillons rappelle par son ornementation l'*H. Arnaudi* : mais elle s'en distingue par sa forme plus courte et plus régulière.

Toutyfaut, près d'Angoulême.

J'ai également recueilli cette espèce dans les environs de St. Paterne (Indre et Loire), en compagnie de M. Triger, et dans le même horizon géologique que celui de la Charente.

Brachiopodes.

Rhynchonella Baugasii, d'Orb., *Ter. crét.* t IV, p. 43, pl. 498, fig. 10-13.
Cognac, Maine-aux-Anges, Le Vivier.

— **expansa**, H. Coq.
Diam. transv.: 40 mm., diam. apicial : 23 mm.
Coquille plus large que haute, transverse, anguleuse, très-dilatée: ornée de 4 côtes aiguës tranchantes ; valve supérieure divisée en trois régions, deux ailes et une par-

tie centrale occupée par 11 côtes; cette partie un peu plus élevée est plate et est séparée des ailes par deux larges sillons plats. Valve inférieure plus bombée, relevée en arc de voûte au milieu : commissure des valves dessinant une ∽ couchée, très-maigre et allongée.

Cette espèce rappelle un peu par sa forme la *R. Bluteli*; mais elle est bien plus allongée et plus déprimée.

Découverte par M. Arnaud dans les environs de Périgueux.

Rhynchonella petrocoriensis, H. Coq.

Hauteur : 14 mm., largeur : 18 mm.

Coquille de forme triangulaire, convexe, déprimée; valve supérieure portant de 30 à 32 côtes régulières, tranchantes, creusée dans sa partie médiane par une vaste gouttière contenant 10 côtes qui font saillie sur l'autre valve : valve inférieure convexe, portant à sa partie médiane un méplat portant 6 côtes : de chaque côté de ce méplat on observe deux sillons bien accusés portant chacun 4 côtes; ce qui donne à la coquille une disposition échancrée.

Cette jolie espèce a été découverte par M. Arnaud au Gourd de l'Arche près de Périgueux.

Terebratula Arnaudi, H. Coq.

Longueur : 40 mm., largeur : 28 mm.

Coquille ovale-oblongue, allongée vers la région cardinale, se dilatant vers la région palliale où elle se montre tronquée et pourvue en dessous de deux sillons peu prononcés, enserrant un espace plus plat frangé à son extrémité par six plis denticulés, mais qui ne remontent guère au-dessus de la ligne terminale; ornée de stries rayonnantes très-régulières, se transformant quelquefois et dans certains individus en petites côtes saillantes. Valve inférieure arquée régulièrement, à sommet légèrement recourbé et fortement tronqué; région palléale creusée de deux dépressions peu excavées, larges, laissant entr'elles un intervalle terminé par 6 plis contigus. Valve supérieure convexe, déprimée sur les deux côtés, occupée dans son milieu par une partie plus bombée qui correspond à la région excavée de la valve inférieure et montrant en relief les 6 denticulations marquées en creux du côté opposé. Ouverture moyenne, ronde, munie d'un deltidium très-étroit, commissure des valves recourbée vers la région palléale où elle forme un M renversé très-large.

Cette remarquable espèce varie suivant les individus. Elle prend quelquefois une forme plus aplatie.

Cognac, Maine-aux-Anges.

Bryozoaires.

Ceriopora digitata, d'Orb., *Prod.*, t. II, p. 278, n° 1326,
Heteropora digitata, Mich., *Icon. Zooph.*, p. 124, pl. 34, fig. 14.
Cognac.
Nota. L'étage coniacien contient une quantité très-considérable de bryozoaires qui jusqu'ici n'ont point été étudiés. Il n'y a qu'à examiner les pierres employées dans les constructions de Ronsenac et que les injures du temps ont dégradées à la surface, pour s'assurer que ces animaux en constituent une grande portion.

Rayonnés. — Échinodermes.

Phymosoma regulare, Desor, *Synops.*, p. 89.
Cyphosoma regulare, Ag., *Cat. syst.*, p. 11.
C. subgranulatam, Ag., *Cat. rais.*, p. 48.
Cognac.
Holectypus turonensis, Desor, *Cat. rais.*, p. 88.
Galerites turonensis, Defr.
Cognac.
Nucleopygus depressus, Desor, *Synops*, p. 189.
Pygaster depressus, Ag., *Prodr.* p. 18.
Nucleolites depressus, Goldf., *Petref. Germ.*, p. 137, pl. 43, f. 2.
Pyrina Goldfussii, Ag. et Des., *Cat. rais.*, p. 92, d'Orb., *Ter. crét.*, t. VI, pl. 986. f. 6-9.
Cognac.
Micraster consobrinus. H. Coq.
Espèce voisine de M. *laxoporus*.
Cognac.
Pentacrinus carinatus, Rœm., *Nordd. Kreid.*, p. 26, n° 1, pl. 6.
P. scalaris, d'Archiac, *Mém. Soc. géol.*, t. II, p. 179.
Cognac, Gourd de l'Arche (Dordogne).

B. ÉTAGE SANTONIEN.

Vertébrés. — Poissons.

Oxyrhina Arnaudi. H. Coq.
Dent pleine, triangulaire, inclinée sur la gauche, finement dentelée, convexe sur la face externe, plane sur la face opposée, portant quelques plis irréguliers à la base de la couronne.
Larg: à sa base : 35 mm., hauteur : 28 mm.
Lavie, près Cognac, à la partie la plus élevée de l'étage.

Lamna subulata, Ag., *Pois. fos.*, t. III, p. 296, pl. 77 *a*, f. 5-7 :
Hébert, *Fossil. de la craie de Meudon, Mém. Soc. géol.*,
t. V, p. 355, pl. 27, f. 10.
Toutblanc, près de Cognac, à la partie la plus élevée
de l'étage.

Corax Boreaui, H. Coq.
Dent triangulaire, régulière ; dentelures fines et très-
régulières.
Longueur : 10 mm., largeur : 6 mm.
Toutblanc.

Enchodus lewesiensis, Mantell, Hébert, *loc. cit.*, pl. 27, f.3.
Toutblanc.

Pycnodus parallelus, Dixon, Hébert, *loc. cit.*, p. 352, pl. 27, f.6.
Toutblanc.

ARTICULÉS. — Crustacés.

Pinces à surface rugueuse, découvertes à Toutblanc, par M. Arnaud.

Annelés.

Galeoria Arnaudi. H. Coq.
Espèce composée de tubes très-effilés.
Toutblanc.

MOLLUSQUES. — Céphalopodes.

Ammonites Bourgeoisi, d'Orb.. *Prodr.*, t. II, p. 212, n° 212.
Plassac, Épagnac, Cognac, Maine-aux-Anges.

— **Orbignyi**, d'Archiac., *Ann. des Sc. géol.*, t. II.
Cette espèce qui atteint souvent des proportions colos-
sales et dont M. de Nanclas possède un magnifique spécimen,
a été recueillie dans les environs de Lavalette et dans la
Dordogne.

— **polyopsis**, Dujard., *Mém. Soc. géol.*, t.II, p. 232, p.17, f. 12
Cognac, Plassac, Épagnac, Malberchie,

— **santonensis**, d'Orb., *Prodr.*, t. II, p. 212, n° 18.
Plassac, Saintes.

— **coniacensis**. H. Coq.
Hauteur : 65 mm., diamètre : 55 mm.
Coquille comprimée, assez largement ombiliquée ; spire
formée de tours aplatis, légèrement convexes, ornée de
côtes alternativement simples et bifides et portant cinq rangées
de tubercules. La première rangée est disposée autour de
l'ombilic : deux sont médianes et les deux dernières sont
placées vers le pourtour externe ; la plus rapprochée du

dos termine les côtes et porte des tubercules plus saillants.
Dos caréné; carène tranchante, logée entre deux sillons.
Cette espèce ressemble, par sa carène, à l'*A. varians*;
mais elle en diffère par ses côtes beaucoup plus rapprochées
et par un plus grand nombre de tubercules. Sa carène la
sépare de l'*A. Deveriæ*, à laquelle elle ressemble aussi par
la disposition et le nombre de ses tubercules.

Malberchie, Cognac, Épagnac.

Scaphites constrictus, d'Orb., *Ter. crét.*, t. I, p. 522, pl.129, f. 8-11.

Lavalette, Segonzac.

Baculites incurvatus, Dujard., d'Orb., *Ter. crét.*, t. I, p. 564, pl.139, f. 8-10,

Lavalette, Plassac.

Gastéropodes.

Eulima bulimoïdes, H. Coq.

Longueur : 78 mm., largeur du dernier tour : 29 mm.

Coquille allongée, lisse, épaisse, tours plans, à peine
séparés par une légère suture. Bouche comprimée assez
étroite. Voisine de l'*E. emphora*, elle est plus allongée,
moins ventrue et a les derniers tours moins étroits.

Lavalette.

Turritella Bauga, d'Orb., *Ter. crét.*, t. II, p. 45, pl. 152, f. 3-4.

Cognac, Lavalette.

— **coniacensis**, H. Coq.

Longueur : 70 mm., diamètre du dernier tour : 26 mm.

Coquille allongée, presque conique, spire composée de
tours légèrement convexes, séparés par une suture bien
prononcée et ornés de 8 à 9 côtes transversales, bien
distinctes, régulières et également espacées. Bouche ronde.
Voisine de la *T. Verneuilli*, elle s'en distingue par le
nombre de ses côtes et ses sutures mieux accusées.

Cognac, avec *Micraster brevis*.

— **umbilicata**, H. Coq.

Hauteur : 40 mm., diamètre du dernier tour : 25 mm.

Coquille conique, turriculée; spire composée de tours
étroits, rapprochés, peu renflés, lisses, séparés par une
suture profonde. Bouche quadrangulaire, déprimée; ombilic très-évasé. Voisine de la *T. Guilhoti*, elle s'en distingue
par sa forme plus ramassée, ses tours plus rapprochés et
surtout par son ombilic.

Épagnac.

Turitella Guilhoti, H. Coq.

Longueur : 57 mm., largeur du dernier tour : 33 mm.

Coquille conique, épaisse, non ombiliquée ; spire composée de tours étroits, rapprochés, saillants, très-convexes, disposés en vis d'Archimède : bouche presque carrée.

Cette espèce, par sa forme ramassée et qui lui donne l'apparence d'une nérinée, se distingue facilement des autres turritelles fossiles.

Segonzac, Genté.

— **Vignyi, H. Coq.**

Longueur : 67 mm., largeur du dernier tour : 16 mm.

Coquille conique, allongée ; spire composée de tours convexes, nettement séparés sur la suture, ornés de 6 côtes transversales, peu saillantes, régulièrement espacées : bouche presque ronde.

Plassac, Épagnac.

Je suis heureux de trouver l'occasion, en dédiant cette espèce à M. A. de Vigny, qui a bien voulu s'associer à quelques-unes de mes excursions dans la Charente, d'exprimer mes sentiments de sympathique admiration pour le talent d'un de nos écrivains modernes qui honorent le plus la France.

Scalaria carentonensis, H. Coq.

Coquille conique non ombiliquée, composée de tours convexes légèrement renflés vers la suture qui est profonde : bouche arrondie. On aperçoit encore adhérente au moule un fragment du têt qui montre que la coquille était ornée de côtes peu élevées et peu espacées entre elles.

Épagnac.

— **Boucheroni, H. Coq.**

Longueur : 40 mm., largeur du dernier tour : 21 mm.

Coquille conique non ombiliquée : tours très-convexes, séparés par une suture profonde : bouche arrondie.

Lavalette.

Nerinea Arnaudi, H. Coq.

Coquille conique, ombiliquée ; spire composée de tours étroits, rapprochés, séparés par une suture ou excavation à peine indiquée. La partie supérieure du double plus large que l'autre. Chaque tour est orné de tubercules peu saillants, régulièrement espacés et de stries fines longitudinales.

Cette espèce qui, par ses tubercules, rappelle la *N. monilifera*, s'en distingue par tous les autres caractères.

Épagnac.

Nerinea analogua, H. Coq.

Coquille allongée, cylindrique, non ombiliquée ; spire formée de tours étroits, rapprochés, séparés par une suture profonde. Chaque tour est divisé en deux parties inégales par une excavation profonde. La supérieure arrondie, plus étroite que l'inférieure qui est plate : bouche quadrangulaire. Cette espèce offre les plus grandes analogies avec la *N. Salignaci* ; mais elle s'en distingue par sa suture plus large, par sa forme allongée et par l'absence de canal terminal.

Épagnac.

Bulla santonensis, d'Orb., *Prodr.*, t. II, p. 233, n° 450.

Saintes.

Globiconcha intermedia, H. Coq.

Hauteur : 35 mm., largeur : 35 mm.

Coquille aussi haute que large, lisse ; spire à peine saillante, composée de tours réguliers, apparents, dont le dernier est très-ample. Bouche en croissant, dilatée dans sa partie supérieure et aboutissant à un sinus formé par la columelle.

Cette espèce est, par sa forme, intermédiaire entre la **G.** *truncata* dont la spire est tronquée et la **G.** *ponderosa* dont la spire est très-apparente.

Épagnac, Malberchie, Cognac.

Turbo Rochebruni, H. Coq.

Hauteur : 52 mm., largeur : 59 mm.

Coquille plus large que haute, conique ; spire composée de tours très-convexes, ornée en long de côtes peu saillantes, très-rapprochées, régulières : bouche arrondie.

Cette espèce se rapproche par sa forme extérieure du *T. royanus* ; mais elle s'en distingue par la disposition de ses côtes plus serrées, plus nombreuses et par sa taille beaucoup plus petite.

Épagnac, Cognac, Charmant, Malberchie, Plassac.

— nodoso-costatus, H. Coq.

Coquille un peu plus haute que large, conique ; spire composée de tours convexes, ornés en long de quatre côtes distinctes, portant de distance en distance des tubercules saillants et obtus. Ces tubercules sont plus proéminents sur la côte inférieure qui est à peine indiquée, ils vont en diminuant progressivement de grosseur sur les côtes supérieures, et ils s'effacent presque entièrement sur les dernières.

Cette espèce ne saurait être confondue avec aucune autre. Lavalette.

Turbo coniacensis, d'Orb., *Ter. crét.*, t. II, p. 229, pl. 186.

Cognac (route de Salles).

Delphinula scalaris, H. Coq.

Largeur : 80 mm., hauteur : 35 mm.

Coquille déprimée, formée de tours convexes, presque cylindriques non contigus et disposés en corne de bélier ; le dernier tour est très-convexe et très-largement ombiliqué ; bouche oblique, ovale.

Livernant environs de Cognac.

Pleurotomaria Raulini, H. Coq.

Hauteur : 80 mm., largeur : 126 mm.

Coquille plus large que haute, déprimée; spire formée de tours convexes, presque cylindriques, lisses, séparés par une suture. Le dernier tour convexe en-dessus et assez largement ombiliqué; bouche oblongue, ovale.

Cette coquille, dont la forme élargie rappelle la *P. santonensis*, s'en distingue par ses tours cylindriques et son ombilic plus étroit.

Environs de Segonzac.

— **Arnaudi**, H. Coq.

Hauteur : 20 mm., largeur : 35 mm.

Coquille plus large que haute, très-déprimée; spire composée de tours assez étroits, ornés de stries fines, longitudinales, séparées en deux régions égales par le sinus qui est saillant et semble dessiner une carène médiane; partie inférieure convexe; partie supérieure évidée et pourvue à son extrémité d'une carène aiguë et tranchante. Chaque tour est séparé par une suture en forme de gorge de poulie. Bouche très-déprimée, subrombroïdale, anguleuse extérieurement.

Cette espèce se distingue de *P. formosa*, de laquelle elle se rapproche, par la position de son sinus, ses ornements et sa forme moins anguleuse.

Toutblanc, près de Cognac.

— **coniacensis**, H. Coq.

Largeur : 112 mm., hauteur : 100 mm.

Coquille un peu plus large que haute, conique ; spire composée de tours larges, presque planes, légèrement convexes, un peu anguleux sur le côté, séparés par une suture prononcée, marqués d'une côte unique auprès de la suture, lisses sur tout le reste. Le dernier tour est convexe au-dessus et creusé par un ombilic étroit. Bande du sinus étroite ; sinus placé au milieu de la hauteur du tour et formant un bourrelet saillant.

Elle se distingue de *P. santonensis* par ses tours larges et moins nombreux, par son ombilic très-étroit, par la carène de ses tours obtuse et par l'absence de sillons longitudinaux.

Cognac, dans les bancs à *Micraster brevis.*

Pleurotomaria santonensis, d'Orb., *Ter. crét.,* t. II, p. 258, pl. 198.

Toublanc, Louzac, Montmoreau, Eraville, Malberchie, Saintes.

— **secans,** d'Orb., *Ter. crét.,* t. II, p. 264, pl. 200, f. 1-4.

Cognac, St-Laurent, Malberchie.

— **Fleuriausi,** d'Orb., *Ter. crét.,* t. II, p. 265, pl. 201, f. 5-6.

Segonzac, Pérignac.

— **distincta,** Dujard., *Mém. soc. géol.,* t. II, pl. 17.

Merpins, Lavalette.

Conus tuberculatus, Dajard., *Mém. soc. géol.,* t. II, pl. 232, pl. 17, f. 11, d'Orb., *Ter. crét.,* t. II, pl. 220, f. 2.

Lavalette.

Pterodonta obesa, H. Coq.

Hauteur : 75 mm., largeur du dernier tour : 57 mm,

Coquille ovoïde, en forme de toupie, épaisse ; tours étroits, rapprochés, convexes, le dernier plus large que les autres ensemble ; bouche semi-lunaire.

Cette espèce, par sa forme, trapue et ramassée, se distingue très-nettement des autres Ptérodontes.

Lavalette.

Acteonella involuta, H. Coq.

Longueur : 62 mm., largeur : 30 mm.

Coquille allongée, à bords presque parallèles, légèrement enflée au milieu, ressemblant au premier coup-d'œil à une *Bulla.* Spire entièrement embrassante, en rouleau, ombiliquée en avant et en arrière. Bouche très-étroite, arquée, à columelle marquée de trois plis qui se prolongent dans l'intérieur.

Cette espèce rappelle la *Volvaria crassa* Duj., dont M. d'Orbigny a fait l'*Acteonella crassa* ; mais elle est moins renflée et s'en distingue par un caractère bien plus saillant encore qui consiste dans l'ombilic que l'on remarque à la partie postérieure de la spire. Nous pensons que d'Orbigny rapporte à tort à son *A. crassa* les exemplaires recueillis à St-Savinien et à Cognac et qui, suivant nous, sont des individus mal conservés de l'*A. involuta*. Nous pensons aussi que le moule d'*A. crassa* figuré par le même auteur et dont le type a été trouvé par M. Dujardin dans Indre-et-Loire, appartient à notre espèce et ne doit point être dans l'étage turonien qui fait partie de la craie inférieure.

Cognac, Épagnac, Plassac, Malberchie.

Acéphales.

Pholadomya Esmarkii, Goldf., *Petr. Germ.*, t. II, p.272, pl.157, f 10.

P. *carentoniana*, d'Orb., *Ter. crét.*, t. III, p. 157, pl. 365, f. 1-2.

Environs de Cognac.

Lyonsia Condamyi, H. Coq.

Longueur : 64 mm., largeur : 32 mm.

Coquille lisse, allongée, comprimée, inéquilatérale ; côté antérieur court, arrondi ; côté postérieur allongé, tronqué obliquement à son extrémité et caréné à sa jonction avec le côté palléal. Valves inégales, la gauche plus bombée.

Épagnac, Malberchie.

— **inornata,** d'Orb., *Ter. crét.*, t. II, p. 234, n° 482.

Cognac,

Anatina Nanclasi, H. Coq.

Hauteur : 90 mm., largeur : 52 mm.

Coquille allongée, comprimée, presque équilatérale, marquée sur chaque flanc d'un sillon transverse vers lequel se terminent brusquement les plis concentriques qui partent de la région antérieure.

Cette espèce plus grande que l'A. *royana*, s'en distingue par son sillon transversal et par l'absence de plis sur la région antérieure.

Lavalette.

Capsa discrepans, d'Orb., *Ter. crét.*, t. III, p. 424, pl. 381, f. 5-6.

Montignac.

Arcopagia Michelini, H. Coq.

Largeur : 38 mm., hauteur : 29 mm.

Coquille ovale, comprimée, marquée de stries concentriques, fines et régulières. On remarque à la région postérieure une quinzaine de stries ou côtes rayonnantes, un peu flexueuses.

Lavalette.

— **gibbosa,** d'Orb., *Tér. crét.*, t. III, p. 395, pl. 378, fig. 14-15.

Saintes.

Venus uniformis , d'Orb., *Prod.*, t. II, p. 236, n° 524.

    V. caperata, d'Orb., *Ter. cr.*, t. III, p. 446, pl. 385, fig. 9-10.

    Cytherea uniformis, Duj., *Mém. soc. géol.*, t. II, p. 223, pl. 15. fig. 5.

    Épagnac, Cognac.

—   **subplana** , d'Orb., *Prod.*, t. II, p. 237 , n° 525.

    V. plana, d'Orb., *Ter. crét.*, t. III, pl. 386, fig. 1-3.

    Cette espèce que je ne connais qu'à l'état de moule ne m'a pas paru différer d'une *Vénus* de même forme qu'on retrouve dans l'étage campanien.

    Cognac, Épagnac, Malberchie.

Opis Truellei, d'Orb., *Ter. crét.*, t. III, p. 56, pl. 255.

    Lavalette, Saintes.

Lucina Michelini, H. Coq.

    Hauteur : 31 mm., largeur : 31 mm.

    Coquille aussi large que haute, arrondie , comprimée , ornée de côtes concentriques, inégales , séparées par des sillons un peu plus larges, marqués les uns et les autres de stries fines , concentriques et régulières.

    Épagnac.

—   **campaniensis**, d'Orb., *Ter. crét.*, t. III, pl. 283, fig. 11.

    Salles, Saintes.

Mytilus divaricatus, d'Orb., *Ter. crét.*, t. III, pl. 340, f. 3-4.

    Salles , Toutblanc, Lavalette. — A la partie supérieure de l'étage.

—   **Marroti**, d'Orb.. *Prod.*, t. II, p. 246, n° 729.

    Périgueux.

Lithodomus contortus, d'Orb., *Prod.*, t. II, p. 247, n° 752.

    Modiola contorta, Duj., *Mém. soc. géol.*, t. II , p. 225, pl. 15, fig. 12.

    Malberchie.

Lima maxima, d'Archiac, *Mém. sol. géol.*, t. II, p. 187, pl. 13, f. 13; d'Orb., *Ter. crét.*, t. III, p. 567, pl. 426, fig. 1-2.

    Croins , Pont-à-Brac, Lavalette , Ribérac.

—   **Rochebruni**, H. Coq.

    Longueur : 25 mm., largeur : 19 mm.

    Coquille oblongue, transverse, comprimée, ornée de côtes rayonnantes nombreuses, régulières et séparées par un sillon d'égale dimension , côté postérieur arrondi, région antérieure basse et droite. On remarque quelques lignes concentriques d'accroissement.

    Cette espèce se rapproche de la *L. pulchella*; mais elle s'en distingue par la disposition et le nombre de ces côtes.

    Environs de Segonzac.

Lima Arnaudi, H. Coq.

Longueur : 36 mm., largeur : 23 mm.

Coquille très-déprimée, allongée dans son ensemble, arrondie vers la région palléale, rétrécie vers la région cardinale. Têt mince ; valves presque planes, légèrement convexes, ornées de côtes longitudinales, simples, régulières, très-rapprochées, un peu flexueuses et séparées par des sillons égaux.

Cette espèce se rapproche beaucoup de la *Lima ficoïdes* Coq. ; mais celle-ci a la surface du têt lisse, tandis qu'elle est costulée dans la première.

Merpins.

— **Dujardini**, Desh., d'Orb., *Ter. crét.*, t. III, pl. 427.

Lavalette, Merpins.

— **tecta**, Goldf., *Petr. Germ.*

Merpins, Louzac.

— **ovata**, Rœm., d'Orb., *Ter. crét*, t. III, p. 554, pl. 421, fig. 16-19.

Environs de Cognac.

Cardium Rochebruni, H. Coq.

Coquille plus longue que large, épaisse, allongée du côté des crochets, arrondie partout ailleurs, presque équilatérale ; moule lisse, ne présentant point d'impressions de côtes où d'autres ornements. Les côtés antérieur et postérieur presque égaux ; ce qui donne à la coquille une forme presque régulière et symétrique. Région palléale arrondie, la partie postérieure étant cependant un peu plus dilatée que l'autre ; charnière épaisse, marquée de dents et de fossettes : sommets saillants ; impressions musculaires très distinctes du côté buccal.

Cette espèce voisine du *C. Raulini*, Coq., s'en distingue par sa taille plus grande, par l'absence d'ornements et par sa forme régulière.

Épagnac.

Spondylus truncatus, Goldf., d'Orb.; *Ter. crét.* t. III, p. 668, pl. 459.

Cognac, Malberchie.

— **hippuritum**, d'Orb,, *Ter. crét.*, t. III, p. 664, pl. 455.

Cognac, Javresac, Épagnac.

— **subspinosus**, H. Coq.

S. spinosus, Desh.

Cette espèce qu'on a constamment confondue avec le *S. spinosus* qu'on recueille à Meudon, ne porte des épines que sur une de ses valves.

Segonzac.

Spondylus carentonensis, d'Orb., *Ter. cr.*, t. III, p. 665, pl. 456, f. 6
St-Laurent, Merpins, Malberchie.

— **santonensis**, d'Orb,, *Ter. crét.*, t. III, p. 666, pl. 457.
St-Laurent, Merpins, Malberchie, Cognac, Saintes.

— **globulosus**, d'Orb., *Ter. crét.*, t. III, p. 667, pl. 480.
Merpins, St-Laurent, Saintes.

Janira quadricostata, d'Orb., *Ter. crét.*, t. III, p. 644, pl. 447, f. 1-7
Pecten quadricostatus, Sow., *Min. conch.*, t. I, p. 121,
pl. 56, f. 1-2.
Merpins, Segonzac, Malberchie, Épagnac.

— **Truellei**, d'Orb.. *Ter. crét.*, t. III, p. 647, pl. 448, f. 1-4.
Épagnac, Malberchie, Cognac.

— **striato-costata**, d'Orb., *Ter. crét.*, t. III, p. 650, pl. 449,
fig. 5-9.
Pecten striato-costatus, Goldf., *Petr. Germ.*, t. II, p. 93,
fig. 2, *a b*.
Épagnac, Cognac.

Pecten Dujardini, Rœm., d'Orb., *Ter. or.*, t. III, p. 645, pl. 439, fig. 1-4.
Cognac, Saintes.

Trigonia limbata, d'Orb., *Ter. crét.*. t. III, p. 156, pl. 298.
Épagnac, Malberchie, Douvesse, Cognac, Plassac,
Saintes.

Arca santonensis, d'Orb., *Ter. crét.*, t. III, p. 236, pl. 323.
Cognac, Saintes, Montignac.

Inoceramus chamæformis, H. Coq.
Longueur: 115 mm., largeur: 65 mm.

Coquille irrégulière, semilunaire; les deux valves disposées comme chez les exogyres, c'est-à-dire terminées par
un crochet vers la région cardinale et par une ligne arrondie
vers la région opposée. Valve inférieure semilunaire,
développée suivant une surface plane. Crochet recourbé
dans le plan de développement; valves ornées de stries
longitudinales très-fines et très-régulières, disparaissant
vers le milieu de la coquille; valve supérieure operculaire,
montrant de distance en distance et d'une manière régulière
des lignes d'accroissement, sillonnées en travers de rides
froncées et irrégulières : têt fort mince.

Cette espèce singulière et remarquable par sa forme
aplatie et sa ressemblance avec une *Chama* ou une *Exögyra*
ne saurait être confondue avec aucune autre espèce.
Segonzac (bancs supérieurs de l'étage).

— **mytiloïdes**, Mantel.
Épagnac, Malberchie, Cognac.

Inoceramus labiatus.

C'est à tort, suivant nous, qu'on a assimilé les couches à Inocérames de Sainte-Catherine (près Rouen) avec les couches qui, dans la Sarthe, la Touraine, les Deux-Charentes et la Dordogne, renferment la *Terebratella carentonensis*, et les Inocérames mal définis, mais désignés sous les noms de *problematicus*, de *mytiloïdes* et de *labiatus*. Ces derniers bancs font incontestablement partie de notre étage carentonien, tandis que l'*Inoceramus labiatus* de Brongniart occupe un niveau plus élevé et est associé à Rouen, comme dans le sud-ouest de la France avec des espèces de la *craie marneuse* qui correspond à notre étage santonien. On voit, d'après cela, que dans la montagne de Sainte-Catherine, la craie n'est représentée que par deux étages, qui sont l'étage rothomagien avec *Scaphites æqualis*, et l'étage santonien avec *Inoceramus labiatus*, *Galerites vulgaris*, etc.

Saintes, Malberchie, Cognac.

Ostrea turonensis, d'Orb., Ter. crét., t. III, p. 748, pl. 479.

Vulsella turonensis, Duj., Mém. soc. géol., p. 228, pl. 15, fig. 1.

Toutblanc, Château-Bernard, La Châtrie, Lavalette, dans les bancs supérieurs de l'étage.

— **proboscidea**, d'Archiac, Mém. soc. géol., t. II, p. 181, pl. 11, fig. 9.

Cognac, Malberchie, Charmant, Saintes, Épagnac.

— **spinosa**, H. Coq.

O. *Matheroniana*, d'Orb., Ter. crét., t. III, p. 737. pl. 485. *Exogyra spinosa*, Math., Catal., p. 192, pl. 32, fig. 6-7.

Cognac, Malberchie, Merpins, Saintes.

— **frons**, Parkins., d'Orb., Ter. crét., t. III, p. 750, pl. 458, fig. 9-11.

Toutblanc, Criteuil, Malberchie, Saint-Séverin. Saintes.

— **santonensis**, d'Orb., Ter. crét., t. III, p. 736, pl. 484.

Toutblanc, La Raffinie, Saint-Séverin, Saintes.

— **talmontiana**, d'Archiac, Mém. soc. géol., t. II.

Toutblanc, Lavalette, Bonneuil, Saint-Laurent, Segonzac.

Rudistes.

Hippurites Arnaudi, H. Coq.

Longueur: 110 mm., diamètre: 60 mm.

Coquille allongée, régulièrement conique, presque toujours agrégée: valve inférieure variable dans sa forme, présentant deux larges sillons peu profonds dans lesquels s'infléchissent les lames d'accroissement, ornée de stries très-fines longitudinales qui se croisent avec les lignes d'accroissement et donnent à la surface une structure réticulée; valve supérieure légèrement concave, dépourvue des ornements de la valve inférieure; sommet subcentral; canaux profonds, dichotomes, très-rapprochés; surface extérieure perforée; charnière inconnue.

Cette remarquable espèce diffère de toutes les hippurites connues : 1° par l'absence d'oscules; 2° par la largeur des sillons externes correspondant aux piliers : 3° par la minceur de son têt; 4° enfin par la finesse des stries qui ornent la valve inférieure.

Toutblanc, Lavalette, Dordogne, dans les bancs supérieurs au *Micraster brevis* et immédiatement au dessous des bancs à *Sphærulites Hœninghausi*.

Brachiopodes.

Rhynchonella vespertilio, d'Orb., *Ter. crét.*, t. IV, p. 44, pl. 499, fig. 1-7.

> *Anomia vespertilio*, Brocchi., *Conch.*, *Foss. subap.*, pl. 45, fig. 40.

> Plassac, Cognac, Malberchie, Épagnac, Douvesse, Saintes.

— **Eudesii**, H. Coq. (sous le nom d'*intermedia* dans le texte). Largeur : 32 mm., hauteur : 26 mm.

Coquille renflée, plus large que haute, triangulaire, ornée de 48 côtes rayonnantes, saillantes, séparées par des sillons égaux se prolongeant jusqu'au sommet des valves. Valve supérieure légèrement convexe à crochet court et recourbé, un peu relevée sur les côtés, mais assez fortement déprimée au milieu, où le bord projeté vers le bas renferme de 8 à 10 plis. Valve inférieure bombée, relevée à sa partie centrale; commissure palléale horizontale sur les côtés, abaissée obliquement au milieu.

Cette espèce a beaucoup de ressemblance avec le *Terebratula octoplicata* de Sow.; aussi j'ai beaucoup hésité avant de l'ériger en espèce séparée. On remarque toutefois qu'elle est beaucoup plus bombée, que le nombre des côtes est de 48 au lieu de 36, que de plus ces côtes sont très-saillantes et par conséquent les sillons plus profondément excavés. Ces différences sautent aux yeux quand on compare un grand nombre d'individus de ces deux espèces.

Cognac, Épagnac, Malberchie, Douvesse, Saintes.

7

Rhynchonella difformis, d'Orb., *Ter. crét.*, t. IV, p. 44, pl. 498, f. 6-9.
> *Terebratula difformis*, Lam., *Anim. sans vert.*, t. VI.
> p. 255, n° 48.
>
> Malberchie, Charmant, La Perdasse et la Chartrie près
> Cognac.

Terebratula Nanclasi. H. Coq.
> Hauteur : 30 mm., largeur : 25 mm.
>
> Coquille presque ovale, plus haute que large, complè
> tement lisse, s'allongeant sensiblement vers la région car
> dinale, tronquée sur la région palléale ; valve supérieure
> plus longue que l'autre, arquée, recourbée au crochet,
> celui-ci nettement séparé de la valve ventrale. Côtés arron
> dis se dilatant vers la région palléale. Valve inférieure
> bombée vers la région du crochet, creusée de chaque
> côté et à partir du milieu de la valve par un sinus large
> dominé par une saillie sous forme de méplat, qui corres
> pond au sinus de la valve opposée ; ouverture moyenne,
> ronde, percée à l'extrémité du crochet qui est muni d'un
> deltidium très-étroit. Ouverture latérale des valves forte
> ment recourbée vers le bas de la région palléale. Cette
> espèce varie suivant l'âge. Elle est presque ronde et sans
> dépression chez les jeunes individus, et par conséquent un
> peu plate.
>
> La *T. Nanclasi* a des analogies avec les *T. carnea, obesa*
> et *semiglobosa*. Elle se distingue de l'*obesa* par sa forme
> moins renflée, par l'ouverture du crochet qui est moins
> grande, par la présence d'un deltidium, enfin par les sinus
> qui la découpent profondément vers la région palléale.
> Plus globuleuse que la *T. carnea*, elle s'en sépare par les
> sinus déjà signalés, par son ouverture qui est beaucoup
> plus grande, et surtout par la disposition de son deltidium
> qui n'offre pas comme dans celle-ci ces deux pièces réunies
> qui sont ridées au travers. Elle se rapproche un peu plus de
> la *T. semi-globosa* ; mais celle-ci manque de deltidium.
> L'ouverture du crochet est plus petite et de plus les sinus
> de la région palléale sont plus énergiquement exprimés.
>
> Malberchie, Cognac

— **coniacensis**, H. Coq.
> Hauteur : 45 mm., longueur : 34 mm.
>
> De forme ovale, un peu allongée, plus longue que large,
> lisse, s'allongeant sensiblement vers la région cardinale,
> tronquée vers la région palléale. Valve supérieure plus
> longue que l'autre, légèrement arquée, recourbée au cro-

chet, portant à son extrémité inférieure deux dépressions larges : partie médiane coupée presque carrément , valve inférieure convexe, bombée vers la région du crochet, déprimée à l'extrémité opposée ; partie centrale dessinant une saillie sous forme de méplat assez prononcé. Ouverture arrondie, sans deltidium apparent ; commissure faiblement ondulée vers l'extrémité de la région palléale et indiquant les deux angles formés par les plis des valves.

Cette espèce se distingue de la *T. Nanclasi* par sa taille plus considérable, par son ouverture plus grande et par l'absence de deltidium.

Cognac, La Chartrie, Bel-Air, Malberchie, Plassac, Épagnac, Douvesse, Mainxe, St-Séverin.

Terebratula Fajoli, H. Coq.

Hauteur : 31 mm., largeur: 22 mm.

De forme ovale, plus longue que large, finement réticulée les réticulations consistent en deux systèmes de stries croisées , les unes concentriques , très-serrées , les autres rayonnantes, partant du sommet, et plus visibles que les premières, surtout vers le pourtour extérieur des valves : valve supérieure plus longue que l'autre, convexe, légèrement arquée au sommet qui est tronqué ; valve inférieure bombée, avec deux dépressions latérales séparées par une saillie sous forme de méplat, correspondant à un sinus dans la valve opposée. Ouverture grande, ronde, percée à l'extrémité du crochet, sans deltidium.

Cette espèce, comparée à la *T. Arnaudi*, s'en distingue nettement par sa forme plus bombée, par l'absence de deltidium, par son ouverture plus grande, par l'absence des plis denticulés à la région palléale et surtout par son double système de stries auquel elle doit sa structure réticulée.

Montmoreau, dans les bancs supérieurs de l'étage.

J'ai dédié cette espèce à M. Fajol dont les relations amicales ont été si utiles à mes travaux géologiques dans la Charente.

— **semiglobosa**, Sow., d'Orb., *Ter. crét.*, t.IV, pl. 514, fig.1-4. Toutblanc.

Terebratulina echinulata, d'Orb., *Ter. crét.*, t. IV, pl. 503 f.7-11. Cognac.

Bryozoaires.

Eschara Acis, d'Orb., *Ter. crét.*, t. V, p. 114, pl. 662, f. 10-12, pl. 676, f. 1-5.
Rousselières, près Mouthier.

Eschara Aegle, d'Orb., t. V, p. 121, pl. 664, f. 5-7.
Saintes.

— **Aegon**, d'Orb., t. V, p. 122. pl. 664, f. 8-10.
Saintes.

— **amata**, d'Orb., t. V, p. 126, pl. 665, f. 14-17.
Saintes.

— **Cypræa**, d'Orb., t. V, p. 158, pl. 675, f. 1-3.
Saintes.

— **Cytherea**, d'Orb., t. V, p. 159, pl. 675, f. 4-6.
Saintes.

— **Aegea**, d'Orb., t. V, p. 117, pl. 663, f. 5-7.
Merpins.

— **Agatha**, d'Orb., t. V, p. 123, pl. 664, f. 11-14.
Rousselières.

— **Claudia**, d'Orb., t. V, p. 146, pl. 671, f. 5-7 ; pl. 675. f. 14-16.
Merpins.

— **Electra**, d'Orb., t. V, p. 171, pl. 678. f. 4-6.
Rousselières.

Quadricellaria elegans, d'Orb., t. V, p. 33, pl. 652, f. 1-3.
Saintes.

— **pulchella**, d'Orb., t. V, p. 35, pl. 652, f. 14-17.
Saintes.

Vincularia multicella, d'Orb,, t. V, p. 70, pl. 655, f. 4-6.
Merpins.

— **santonensis**, d'Orb., t. V, p. 73, pl. 656, f. 1-3.
Merpins, Rousselières.

— **perforata**, d'Orb., t. V, p. 82, pl. 658, f. 4-6.
Saintes.

— **peregrina**, d'Orb., t. V, p. 196, pl. 682, f. 13-15.
Saintes.

— **longicella**, d'Orb., t. V, p. 194, pl. 682, f. 4-6.
Saintes.

Escharipora insignis, d'Orb., t. V, p. 231, pl. 687, f. 1-3.
Rousselières.

Biflustra tuberculata, d'Orb., t. V, p. 269, pl. 693. f. 13-15.
Rousselières.

— **meandrina**, d'Orb., t. V, p. 275, pl. 695, f. 7-10.
Rousselières.

— **variabilis**, d'Orb., t. V, p. 253, pl. 689, f. 5-8.
Saintes, Pons.

— **æqualis**, d'Orb., t. V, p. 254, pl. 689, f. 9-11.
Saintes.

— **allita**, d'Orb., t. V, p. 266, pl. 665, f. 11-13.
Saintes.

Biflustra bimarginata d'Orb., t. V, p. 267, pl. 673, f. 4-6.
Saintes.
— **grandis** , d'Orb., t. V, p. 273, pl. 694, f. 16-18.
Saintes.
— **lacrymopora** , d'Orb., t. V, p. 274, pl. 695, f. 1-3.
Saintes.
— **cyclopora**, d'Orb., t. V, p. 277, pl. 695, f. 14-16.
Saintes.
— **marginata**, d'Orb., t. V, p. 277, pl. 696, f. 1-4.
Saintes.
Flustrella frondosa , d'Orb., t. V, p. 285, pl. 697, f. 9-12.
Rousselières.
— **subcylindrica** , d'Orb., t. V, p. 291, pl. 699, f. 7-9.
Saintes.
— **echinata** , d'Orb., t. V, p. 292, pl. 699, f. 10-13.
Saintes.
— **romboïdalis** , d'Orb., t. V, p. 294, pl. 699, f. 17-19.
Saintes.
— **terminalis** , d'Orb., t. V, p. 295, pl. 700, f. 4-6.
Saintes.
Flustrina constricta, d'Orb., t., V, p. 304, pl. 702, f. 5-7.
Rousselières.
— **spatulata**, d'Orb., t., V, p. 308, pl. 703, f. 10-12.
Rousselières.
Lunulites Bourgeoisi, d'Orb., t. V, p. 348, pl. 600, f. 1-3, pl. 704, f. 1.
Merpins.
— **cretacea**, Defr., d'Orb.. *Ter. crét.*, t. V, p. 349, pl. 704,
f. 2-6.
Merpins.
— **plana** , d'Orb., t. V, p. 354, pl. 706, f. 1-4.
Rousselières.
Reptolunulites angulosa, d'Orb., t. V, p. 357, pl. 707, f. 1-2.
Saintes.
Pavolunulites elegans , d'Orb., t. V, p. 359, pl. 706. f. 5-8.
Saintes.
Semieschara grandis , d'Orb., t. V, p. 368, pl. 604. f. 10-13.
Saintes.
— **arborea**, d'Orb., t. V, p. 378, pl. 710. f. 4-5.
Saintes.
— **dentata** , d'Orb., t. V, 381, pl. 710, f. 18-21.
Merpins.
Cellepora parisiensis, d'Orb., t. V, p. 409, pl. 606, f. 1-2; pl. 712,
f. 13-14.
Merpins.

Cellepora Vesta, d'Orb., t. V, p. 445, pl. 713, f. 8-9.
Merpins.
— **Clio**, d'Orb., t. V, p. 440, pl. 712, f. 7-8.
Saintes.
— **Thisbe**, d'Orb., t. V, p. 416, pl. 713, f. 12-13.
Saintes.
Porina filigrana, d'Orb., t. V, p. 435, pl. 626, f. 5-10.
Eschara filigrana. Goldf., *Petref. Germ.*, t. V. p. 25. pl. 7, f. 17.
Rousselières.
Reptoescharella inæqualis, d'Orb., t. V, p. 467, pl. 716, f. 1-3.
Saintes.
— **radiata**, d'Orb., t. V, p. 468, pl. 716, f. 4-6.
Saintes.
SemieschariPora interrupta, d'Orb., t. V, p. 487, pl. 719, f. 5-8.
Saintes.
— **irregularis**, d'Orb., t. V, p. 487, pl. 719, f. 9-12.
Saintes.
Steginopora irregularis, d'Orb., t. V, p. 500, pl. 720, f. 16-19.
Saintes.
Flustrellaria cretacea, d'Orb., t. V, p. 549, pl. 724, f.5-8.
Saintes.
— **oblonga**, d'Orb., t. V, p. 530, pl. 726, f. 22-25.
Saintes.
— **bipunctata**, d'Orb., t. V, p. 531, pl. 727, f. 1-4.
Saintes.
— **tubulosa**, d'Orb., t. V, p. 532, pl. 727, f. 9-10.
Saintes.
— **santonensis**, d'Orb., t. V, p. 535, pl. 727, f. 23-26.
Saintes.
— **rhomboïdalis**, d'Orb., t. V, p. 534, pl. 727, f. 19-22.
Merpins.
— **inornata**, d'Orb., t. V, p. 536, pl. 278, f. 5-8.
Rousselières.
Membranipora Franquana, d'Orb., t. V, p. 551, pl. 729, f. 1-2.
Rousselières, Merpins.
— **gracilis**, d'Orb., t. V, p. 549, pl. 607, f. 3-4.
Saintes.
— **ligeriensis**, d'Orb., t. V, p. 550, pl. 607, f. 5-6.
Saintes.
— **normaniana**, d'Orb., t. V, p. 550, pl. 607, f. 9-10.
Saintes.
— **cypris**, d'Orb., t. V, p. 551, pl. 607. f. 11-12.
Saintes.

Membranipora concatenata, d'Orb., t. V, p. 553, pl. 729, f. 5-6.
Saintes.
— **rhomboïdalis,** d'Orb., t. V, p. 554, pl. 729, f. 9-10.
Saintes.
— **marginata,** d'Orb., t. V, p. 555, pl. 729, f. 13-14.
Saintes.
— **strangulata,** d'Orb., t. V, p. 556, pl. 729, f. 15-16.
Saintes.
Filiflustrella lateralis, d'Orb., t. V, p. 562, pl. 730, f. 1-4.
Saintes.
Reptoflustrina simplex, d'Orb., t. V, p. 583, pl. 734, f. 1-2.
Saintes.
— **tubulosa,** d'Orb., t. V. p. 584, pl. 734, f. 3-5.
Saintes.
Nodelea semiluna, d'Orb., t. V, p. 611, pl. 735, f. 9-11.
Merpins.
Multinodelea tuberosa, d'Orb., t. V, p. 615, pl. 736, f. 9-15.
Merpins.
Melicertites meudonensis, d'Orb., t. V, p. 622, pl. 623, f. 8-10.
Merpins.
Elea lamellosa, d'Orb., t. V, p. 632, pl. 625, f. 11-13.
Merpins.
Multelea magnifica, d'Orb., t. V, p. 649, pl. 740.
Merpins.
Semielea plana, d'Orb., t. V, p. 638, pl. 738, f. 12-16.
Saintes.
Semimultelea arborescens, d'Orb., t. V, p. 652, pl. 638, f. 1-5;
pl. 741, f. 5.
Saintes.
Foricula spinosa, d'Orb., t. V, p. 659, pl. 742, f. 6-8.
Rousselières.
— **aspera,** d'Orb., t. V, p. 639, pl. 742, f. 1-5.
Saintes.
Filifascigera dichotoma, d'Orb., t. V, p. 685, pl. 744, f. 1-3.
Saintes.
Reptofascigera alternata, d'Orb., t. V, p. 686, pl. 744, f. 4-6.
Saintes.
Fasciporina flexuosa, d'Orb., t. V, p. 695, pl. 744, f. 16-17.
Saintes.
Peripora ligeriensis, d'Orb., t. V, p. 704, pl. 616, f. 9-11; pl. 745,
f. 11-13.
Saintes.

Spiripora antiqua, d'Orb., t. V, p. 716, pl. 615, f. 10-18 : pl. 745, f. 14-19.

Merpins.

Laterotubigera macropora, d'Orb., t. V, p. 718, pl. 754, f. 5-7.

Merpins.

— transversa, d'Orb., t. V, p. 717, pl. 622, f. 8-10.

Saintes.

— annulato-spiralis, d'Orb., t. V, p. 718, pl. 754, f. 8-11.

Saintes.

Clavitubigera convexa, d'Orb., t. V, p. 725, pl. 746, f. 12-15.

Merpins.

— angustata, d'Orb., t. V, p. 726, pl. 746, f. 16-20.

Saintes.

Idmonea excavata, d'Orb., t. V, p. 742, pl. 749, f. 11-15.

Merpins.

— communis, d'Orb., t. V, p. 745, pl. 750, f. 6-10.

Merpins.

— grandis, d'Orb., t. V, p. 743, pl. 749, f. 16-19.

Saintes.

— marginata, d'Orb., t. V, p. 744, pl. 749, f. 20-23.

Saintes.

Semilaterotubigera annulata, d'Orb., t. V, pl. 750, pl. 762, f. 13-15.

Rousselières, Merpins.

Reptotubigera ramosa, d'Orb., t. V, p. 754, pl. 751, f. 1-3.

Merpins.

— elevata, d'Orb., t. V, p. 755, pl. 760, f. 1-3.

Rousselières.

— marginata, d'Orb., t. V, p. 753, pl. 750, f. 19-21.

Saintes.

Radiotubigera organisans, d'Orb., t. V, p. 755, pl. 646, f. 9-13.

Saintes.

Discotubigera santonensis, d'Orb., t. V, p. 758, pl. 731, f. 12-16.

Saintes.

Unitubigera papyracea, d'Orb., t. V, p. 761, pl. 643, f. 12-14.

Saintes.

Actinipora Gaudryi, d'Orb., t. V, p. 765, pl. 644, f. 1-5, pl. 752, f. 1-3.

Merpins.

Entalophora raripora, d'Orb., t. V, p. 787, pl. 621, f. 1-3, pl. 623, f. 15-17.

Merpins.

— linearis, d'Orb., t. V, p. 792, pl. 622, f. 5-7.

Saintes.

Entalophora subregularis, d'Orb., t. V, p. 790. pl. 621, f. 16-18; pl.
    622, f. 15-17.
    Merpins, Rousselières.
— **pustulosa**, d'Orb., t. V, p. 795, pl. 755, f. 1-3.
    Ceriopora pustulosa , Golf., *Petr. Germ.* , t. I, p. 37 ,
    pl. 11, f. 3.
    Merpins.
Mesinteriopora auricularis, d'Orb., t. V, p. 810, pl. 626, f. 1-4.
    Rousselières.
Discosparsa clypeiformis, d'Orb., t. V, p. 824, pl. 758, f. 6-9.
    Saintes.
Diastopora papyracea, d'Orb., t. V, p. 830, pl. 758, f. 14-16.
    Saintes.
— **tubulosa**, d'Orb., t. V, p. 829, pl. 641, f. 9-10; pl. 758, f. 13.
    Merpins.
Stomatopora ramea, Bron., *Ind. Pal.*, p. 1202; d'Orb., t. V, p. 842,
    pl. 630, f. 9-12.
    Merpins.
— **Calypso**, d'Orb., t. V, p. 841, pl. 630, f. 5-8.
    Saintes.
Proboscina Toucasi, d'Orb., t. V, p. 856, pl. 634, f. 1-6.
    Merpins.
— **fasciculata**, d'Orb., t. V, p. 857, pl. 634, f. 10-13.
    Saintes.
Berenicea papillosa, d'Orb., t. V, p. 866, pl. 639, f. 6-7.
    Merpins.
Multisparsa foliacea, d'Orb., t. V, p. 870, pl. 760, f. 18-20.
    Rousselières.
Reptomultisparsa congesta, d'Orb., t. V, p. 878, pl. 640, f. 1-6.
    Saintes.
Seminimultisparsa tuberosa, d'Orb, t. V, p. 871, pl. 639, f. 1-3.
    Rousselières.
Reptoclausa obliqua, d'Orb., t. V, p. 888, pl. 765, f. 3-4.
    Saintes.
Claviclausa globulosa, d'Orb., t. V, p. 891, pl. 765, f. 10-15.
    Saintes.
Multiclausa compressa, d'Orb., t. V, p. 899, pl. 767, f. 1-4.
    Saintes.
Clausa micropora, d'Orb., t. V, p. 896, pl. 624, f. 12; pl. 766, f. 9.
    Saintes.
— **obliqua**, d'Orb., t. V, p. 895, pl. 623, f. 18-21.
    Merpins.

Reticulipora obliqua, d'Orb., t. V, p. 906, pl. 610, f. 1-6; pl. 768, f. 1-2.
    Rousselières Merpins.
— **ligeriensis**, d'Orb., t. V. p. 905, pl. 609, f. 1-6.
    Saintes.
Crisina triangularis, d'Orb., t. V, pl. 612. f. 11-15; pl. 614, f. 14-15.
    pl. 769, f. 11-14.
    Rousselières, Merpins.
Cavea royana, d'Orb., t. V, pl. 945, pl. 624, f. 4-8.
    Rousselières, Merpins.
Clavicavea regularis, d'Orb., t. V, p. 944, pl. 773, f. 12-13.
    Saintes.
Discocavea irregularis, d'Orb., t. V, p. 961, pl. 645, f. 9-12.
    Saintes.
Semicavea ᵥariabilis, d'Orb., t. V, p. 1029, pl. 790, f. 14-20.
    Saintes.
Semicea tubulosa, d'Orb., t. V, p. 1008, pl. 787, f. 14-16.
    Saintes.
Ditaxia anomalopora, de Hagenow, *Bryoz. Maëstr.*, pl. 4, f. 9 ;
    d'Orb., t. V, p. 953, pl. 775, f. 7-15.
        Ceriopora anomalopora, Goldf., *Petr. Germ.*, t. I, p. 33,
        pl. 10, f. 5, *c. d.*
    Merpins, Rousselières.
Lachenopora elatior, d'Orb., t. V. p. 964. pl. 646, f. 5-8.
    Merpins, Rousselières.
Unicavea collis, d'Orb., t. V, p. 973, pl. 643, f. 1-4; pl. 778, f. 1-2.
    Merpins.
Filicea subcompressa, d'Orb., t. V. p. 1001, pl. 786, f. 5-7.
    Mouthier, Merpins.
Laterocea simplex, d'Orb., t. V, p. 1004, pl. 786, f. 14-16.
    Mouthier, Merpins.
Reptomulticavea simplex, d'Orb., t. V. p. 1041, pl. 793, f. 5-8.
    Rousselières.
— **subirregularis**, d'Orb., t. V, p. 1012, pl. 794, f. 2-3.
    Saintes.
Truncatula carinata, d'Orb., t. V p. 1058, pl. 797, f. 5-15.
    Rousselières, Merpins.
— **gracilis**, d'Orb., t. V, p, 1059, pl. 798, f. 4-5.
    Saintes.
Unicytia falcata, d'Orb., t. V, p. 1068, pl. 794, f. 8-12.
    Saintes.
Nodicrescis tuberculata, d'Orb., t. V, p. 1066, pl. 800, f. 8-9.
    Saintes.

RAYONNÉS. — Échinodermes.

Pseudodiadema Kleinii, Desor, *Syn.*, p. 73, pl. 12, f. 4-6.
  Diadema polystigma, Ag., *Cat. Syst.*, p. 8,
  Malberchie, Cognac, Épagnac, Périgord.
Diplopodia Archiaci, Desor, *Synop.*, p. 77.
  Beaumont, près Angoulême.
— **variolaris**, Desor, *Syn.*, p. 78.
  Cidarites variolaris, A. Brong., *Gécol. de Paris*, p. 84.
  tab. V, f. 9, A, B, C.
  Diadema variolare, Ag., *Cat. rais.*, p. 46.
  Environs de Salustes.
— **subnuda**, Desor, *Synops.*, p. 78.
  Diadema subnudum, Ag., *Cat. rais.*, p. 46.
  Saintes.
Phymosoma carentonianum, Desor, *Syn.*, p. 89.
  Echinus carentonianus, Agas., *Cat. sys.*, p. 12.
  Cognac, Saintes.
— **rugosum**, Desor, *Synops.*, p. 89.
  Cyphosoma rugosum, Agas., *Cat. syst.*, p. 11.
  Malberchie, Cognac, Épagnac, Plassac, Saintes.
— **sulcatum**, Desor, *Syn.*, p. 90.
  Cyphosoma sulcatum, Agas., *Cat. rais.*
  Cognac, Lavalette.
— **regulare**, Desor, *Catal.*, p. 48.
  St-Séverin.
Salenia scutigera ? Gray, *Zool., procced.*, t. III, p. 58, Ag., *Mon. des Sal.*, p. 12, pl. 2, f. 1-8.
  Talmont.
— **gibba**, Ag., *Mon. des Sal.*, p. 13, pl. 2, f. 9-16.
  Lavalette, Saintes.
  (M. d'Obigny cite cette espèce à l'Ile d'Aix ; nous pensons qu'il y a erreur et que c'est la *S. scutigera* qui doit plutôt être attribuée à l'étage carentonien).
— **geometrica**, Ag., *Mon. des Sal.*, p. 11, pl. 4, f. 25-32.
  Lavalette, Toutblanc, Épagnac, Saintes.
— **heliopora**, Desor, *Catal.*, p. 38.
  St-Séverin.
Galerites vulgaris, Lam., *Anim. sans vert.*, t. III, p. 307, Desor, *Gal.*, p. 14, pl. 2, f. 1-10.
  G. albogalerus, Desor, *Synops.*, p. 182.
  Essards.

Pyrina ovata, Agas.; Desor, *Monog. des Gal.*, p. 27, pl. 3, f. 32-34.
    P. echinonea, d'Orb., *Ter. crét.*, t. VI, pl. 985, f. 4-6.
    Lavalette, Épagnac, Saintes.
— **ovulum**, Agas., *Catal.*, p. 92.
    St-Séverin, Livernant.
Rhynchopygus galeatus, Desor, *Syn.*, p. 288.
    Stigmatopygus galeatus, d'Orb., *Ter. crét.*, t.IV, p. 332,
    pl. 928.
    Beaumont, près Angoulême.
Holaster semistriatus, d'Orb., *Ter. crét.*, t. VI, p. 120, pl 852 et 853.
    Lavalette, Béthuzac.
Micraster brevis, Desor., *Cat. rais.*, p. 130.
    Cognac, Malberchie, Épagnac, Périgueux, Jonzac.
— **rostratus**, Mantell, *Géol. of Sussex*, pl. 17, f. 10-17.
    M. coranguinum, d'Orb., *Ter. crét.*, t. VI, p. 207, pl. 867.
    Cognac, Malberchie, Épagnac.
— **laxoporus**, d'Orb., *Ter. crét.*, t. VI, p. 217, pl. 870.
    Livernant, Charmant, Malberchie, Cognac, Épagnac.
Hemiaster nasutulus, Sorig., *Ours. foll.*, p, 53.
    H. punctatus, d'Orb., *Ter. crét.*, t. VI, p. 251, pl. 886.
    Lavalette, Cognac, Plassac, Périgueux.
— **angustipneustes**, Desor, *Synop.*, p. 374.
    Cognac, Malberchie, Épagnac.
Nucleolites parallelus, Agas., *Cat. syst.*, p. 96.
    Lavalette, Saint-Séverin.
Discoïdea excisa, Desor, *Cat.*, p. 90.
    Saint-Fort-sur-le-Né.
Cidaris cyathifera, Agas., *Cat.*, p. 25.
    Saint-Séverin.
— **vendocinensis**, Agas., *Cat.*, p. 24.
    Malberchie, Tout-Blanc.
Bourgueticrinus ellipticus, d'Orb., *Crin.*, pl. 17, f. 4-9.
    Tout-Blanc, Lavie, Château-Bernard.

Zoophytes.

Polytrema pavonia, d'Orb., *Prodr.*, t. II, p. 278. n° 1332.
    Saintes.
— **meandra**, d'Orb., *Prod.*, t. II, p. 279, n° 1333.
    Saintes.
— **avellana**, d'Orb., *Prodr.*, t. II, p. 279, n° 1335.
    Saintes.
— **dilatata**, d'Orb., *Prodr.*, t. II, p. 279, n° 1344.
    Palmipora dilatata, Rœm., *Nordd Kreid.*, pl. 5, f. 30.
    Saintes.

Amorphozoaires.

Siphonia Fittoni, Mich., *Icon Zooph.*, p. 29, pl. 110, f. 6.
  Cognac.
— **Konigii**, d'Orb., *Prod.*, t. II, p. 285, n° 1467.
  Choanites Konigii, Mant., *Géol. of Sussex*, p. 179. pl. 16
  f. 19-21.
  Saintes, Périgueux.
Ierea cupula, d'Orb., *Prodr.*, t. II, p. 286, n° 1489.
  I. excavata, Mich., *Icon. zooph.*, pl. 39, f. 2.
  Saintes.
Marginospongia irregularis, d'Orb., *Prod.*, t. II, p. 287, n° 1500.
  Saintes.
Cupulospongia dilatata, d'Orb., *Prodr.*, t. II, p. 288, n° 1525.
  Saintes.
— **Townsensis**, d'Orb., *Prodr.*, t. II, p. 228, n° 1518.
  Spongus Towsensis, Mant., *Géol. of Sussex*, p. 164, pl.
  15, f. 9.
  Saintes.
— **oblonga**, d'Orb., *Prod.*, t. II, p. 288, n° 1526.
  Saintes.
— **santonensis**, d'Orb., *Prodr.*, t. II, p. 288, n° 1529.
  Saintes.

C. ÉTAGE CAMPANIEN.

VERTÉBRÉS. — Poissons.

Otodus Marroti, H. Coq.
  Dent oblique, tranchante; cône principal convexe à sa
  surface externe, plat à sa surface interne, légèrement
  déprimé à la racine; les deux dentelons triangulaires,
  tranchants et un peu externes. Racine haute et échancrée
  au milieu.
  Diam. transv. : 19 mm. Hauteur : 20 mm.
  Montignac (Dordogne). Coll. de l'École des Mines.
Lamna petrocoriensis, H. Coq.
  Dent assez épaisse à la base, légèrement courbée ; bords
  tranchants ; face externe plane ; face interne bombée ;
  cônes latéraux rudimentaires et à peine indiqués ; racine
  échancrée et présentant deux tubercules obtus à sa région
  médiane, sur la face interne.
  Haut.: 19 mm. Larg. à la base de la racine : 10 mm.
  Montignac.

Pycnodus occidentalis, H. Coq.

Les pièces de cette espèce que nous avons eues à notre disposition consistent : 1° en une portion de palais conservant 12 dents disposées sur 3 rangées. Ces dents sont presque plates, rondes, mais un peu irrégulières dans leurs contours. Leur diamètre oscille entre 3 et 4 mm.: 2° en une dent isolée, ronde, convexe, large de 10 mm.

Montignac.

Ptychodus Pauli, H. Coq.

Dent remarquable, subrhomboïdale, légèrement infléchie dans sa région médiane, renflée sous forme de vessie à une de ses extrémités qui se montre presque lisse. Extrémité opposée presque plane, marquée de nombreuses rugosités irrégulières qui lui donnent une structure chagrinée.

Long. 28 mm. Larg. 17 mm. Haut. 11 mm.

Montignac.

MOLLUSQUES. — Céphalopodes.

Nautilus Dekayi, Morton, *Syn. of the org. rem.*, p. 33, pl. 8, f. 4.

N. *Charpentieri*, Leym., *Mém. soc. géol.*, t. IV, p. 198, pl. 11, f. 2.

Lavalette, Barbezieux, Aubeterre, Deviac, Salles, Genté, Gimeux, Royan.

Ammonites gollevillensis, d'Orb.; *Prodr.*, t. II, p. 212.

A. *lewesiensis*, d'Orb., *Ter. crét.*, t. I, p. 336, pl. 101 et 102. f. 1.

Aubeterre, Bonne, Royan.

— **Marroti**, H Coq.

Coquille comprimée, ornée de côtes trifurquées, infléchies en avant, aboutissant à une rangée de tubercules disposés autour de l'ombilic, et portant à l'extrémité de chacune d'elles deux tubercules obliques, dont l'un extérieur plus saillant, dessine une crénelure sur chaque côté du dos, le second moins apparent, est placé un peu à côté dans le plan d'enroulement. Dos lisse au milieu. Tours apparents dans l'ombilic. Bouche comprimée.

Cette espèce rappelle par sa forme générale l'A. *denarius*, du gault ; mais elle est plus comprimée, les côtes sont plus nombreuses et elle possède deux tubercules, au lieu d'un seul, sur le dos.

Ribérac. Coll. de l'École des Mines.

— **petrocoriensis**, H.Coq.

Coquille légèrement renflée au milieu, de la forme de l'A.

Syriacus, costulée et tuberculeuse : ombilic très-étroit ; côtes épaisses , plates, mal indiquées en relief, partant du pourtour de l'ombilic où elles commencent par un tubercule très-saillant, se bifurquant ou se trifurquant et s'effaçant pour ainsi dire sur la partie médiane du tour et se terminant autour du dos par un tubercule très-saillant. Dos tranchant, formé par une carène tuberculée ; chaque tubercule correspond à un tubercule dorsal, en d'autres termes , le dos présente trois séries de tubercules dont les médians sont tranchants et allongés.

Aubeterre et Montignac. Coll. de l'École des Mines

Scaphytes Nanclasi, H. Coq.

Coquille elliptique dans son ensemble, la spire et la crosse étant très rapprochées l'une de l'autre. Spire occupant moins de la moitié de la coquille, composée , dans la portion régulièrement enroulée, de tours déprimés et complètement embrassants. Le dernier se sépare, suivant une direction perpendiculaire au plan spiral, puis se ploie en coude en formant un angle obtus et en prenant un renflement assez considérable, et enfin il se projette en une partie courte , plus amincie, qui forme une crosse très-courte. La partie régulièrement enroulée est ornée de côtes rayonnantes qui partant du pourtour de la région centrale, vont, en s'élargissement jusqu'aux deux tiers du pourtour externe , point où le plus grand nombre d'elles se bifurquent et font retour sur la face opposée , sans s'interrompre sur le dos. Entre les côtes bifurquées on remarque quelques côtes libres. La partie projetée conserve la même disposition d'ornements : seulement les côtes s'y montrent plus serrées et moins fortes. Long. 54 mm. Haut. 44 mm. Ep. 24.

— **Baylei, H. Coq.**

Espèce à tours plats et carrés, portant une double série de tubercules sur le dos.

Lavalette, Dordogne.

— **Heberti , H. Coq.**

Belle et grande espèce, convexe, ornée de côtes rapprochées, flexueuses, se bifurquant plusieurs fois ; dos présentant 3 rangées de tubercules dont une médiane.

Aubeterre. Coll. de M. Hébert.

Turrilites Archiaci, d'Orb., *Ter. crét.,* t. 1, p. 607, pl. 448, f. 5-6.

Les Essards, Royan.

Turrilites Heberti, H. Coq.

    Diam. d'un des tours 125 mm.

    Coquille composée de tours convexes, assez lâches, comparativement peu épais : côtes simples au nombre de 55 à 60 par tour, s'évanouissent près de l'ombilic.

    Aubeterre. Coll. de M. Hébert.

Baculites Faujassi, Lam., Reuss, *Böhm. Kreid.*, p. 24, pl. 7. f. 3.

    Brossac. avec *Orbitolites media*.

—   **anceps,** Lam., d'Orb., *Ter. crét.*, t. 1, p. 565, pl. 139. f. 4-7.

    Aubeterre, Barbezieux, Royan.

Gastéropodes.

Turritella sinistrorsa, H. Coq.

    Hauteur : 72 mm., largeur du dern. tour : 32 mm.

    Coquille allongée, turriculée : spire composée de tours excavés, ornés en long de côtes fines très-rapprochées, carénés en avant : carène formant une corniche saillante au-dessus de chaque tour : le dernier tour lisse en dessus : bouche subquadrangulaire. Enroulement sénestre.

    Barbezieux.

—   **Salignaci,** H. Coq.

    Belle espèce, ornée de côtes bien prononcées.

    Criteuil.

Nerinea bisulcata, d'Archiac, *Mém. soc. géol.*, t. II, p. 190, pl. 13, f. 17, *a. b.*

    N. Espaillaciana, d'Orb., *Ter. crét.*, t. II, p. 99, pl. 164, fig. 2.

    Aubeterre, Dordogne.

—   **Marroti,** d'Orb., *Ter. crét.*, t. II, p. 96, pl. 163 *bis*, f. 1-2.

    Font-Barrade, près de Bergerac.

—   **mumia,** H. Coq.

    Coquille très-allongée, non ombiliquée, cylindroïde : tours assez larges, parfaitement égaux. Bouche rhomboïdale, coupée carrément.

    Voisine de la *N. subæqualis*, elle s'en distingue par ses tours égaux.

    Barbezieux, Lavalette, Deviac.

Globiconcha Fleuriausi, d'Orb., *Ter. crét.*, t. II, p. 144, pl. 169, f. 18.

    Aubeterre, Royan.

—   **Marroti,** d'Orb., *Ter. crét.*, t. II, p. 146, pl. 170, f. 1-2.

    Aubeterre, Royan, Dordogne.

—   **truncata,** H. Coq.

    Hauteur : 66 mm., longueur : 65 mm.

    Coquille globuleuse, aussi haute que large, tronquée en

arrière carrément, mais non excavée : spire régulière , non ombiliquée ; tours apparents ; le dernier embrassant et occupant presque toute la hauteur de la coquille. Bouche étroite, en croissant, s'évasant légèrement vers la partie supérieure et aboutissant à un sinus formé par la columelle.

Cette espèce ne peut être confondue avec la *G. Marroti* dont la spire est excavée en-dessous et ombiliquée vers le sommet.

Aubeterre, Barbezieux, Lavalette.

Avellana royana , d'Orb., *Ter. crét.*, t. II. p. 140, pl. 169, f. 14-16. Royan.

Neritopsis lævigata, d'Orb., *Ter. crét.*, t. II, p. 177, pl. 176, f. 11-12. Royan.

Natica royana, d'Orb., *Ter. crét.*, t. II, p. 165, pl. 174. f. 6. Aubeterre, Barbezieux, Royan.

— **rugosa**, Hæningh., Goldf., p. 119, pl. 199, fig. 11, *a*, *b*. *N. subrugosa*, d'Orb., *Prodr.*, t. II, p. 221, n° 207. *Otostoma rugosum* , d'Arch., *Bull. soc. géol.*, t. XVI, p. 873. *O. ponticum*, d'Arch., *loc. cit.*, p. 874, pl. 19 fig. 2, *a*, 3. Royan.

Phasianella supracretacea, d'Orb., *Ter. crét.*, t. II, p. 234. pl. 187 , f. 4. Barbezieux, Salles, Lavalette, Criteuil, Royan.

— **royana**, d'Orb., *Prodr.*, t. II, p. 224, n° 268. Royan.

Delphinula turbinoïdes, H. Coq. *Pleurotomaria turbinoïdes*, d'Orb., *Ter. crét.*, t. II, p. 270, pl. 204. Birac, Royan. Coll. de l'École des Mines.

— **cretacea**, H. Coq. Espèce ornée de côtes inégales, marquées d'aspérités épineuses, s'épanouissent en expansions découpées vers la bouche. La Caillade (Dordogne). Coll. de l'École des Mines.

Turbo Fajoli, H. Coq. Hauteur : 100 mm., largeur du dern. tour : 75 mm. Coquille un peu plus haute que large , conique, spire formée de tours convexes , divisés en deux parties à peu près égales par une espèce de méplat limité par des côtes plus saillantes ; ce qui donne à la coquille une forme anguleuse

8

et pour ainsi dire carénée. On observe par tours 9 côtes très-distinctes, également espacées, 5 au dessus du méplat et 4 au dessous. Bouche ronde.

Cette belle espèce, qui présente quelques affinités avec le *T. Royanus* s'en distingue par le méplat qu'on observe dans la partie médiane de chaque tour.

Criteuil.

Turbo royanus, d'Orb., *Ter. crét.*, t. II, p. 223, pl. 186, f. 1.

Essards, Lavalette, Royan.

Trochus Marroti, d'Orb., *Ter. crét.*, t. II, p. 137, pl. 177, f. 15-17.

Barbezieux, Essards, Segonzac, Le Breuil, Royan, Ribérac.

— **girondinus**, d'Orb, *Ter. crét.*, t. II, p. 188, pl. 178, f. 1-3.

Aubeterre, Royan.

— **difficilis**, d'Orb., *Ter. crét.*, t. II, p. 191, pl. 177, f. 17.

Royan.

Phorus canaliculatus, d'Orb., *Ter. crét.*, t. II, p. 180, pl. 176 f. 13-14.

Royan.

Pleurotomaria Marroti, d'Orb., *Ter. crét.*, t. II, p. 265, pl. 201, fig. 5 et 6.

Lavalette, Pérignac.

— **royana**, d'Orb., *Ter. crét.*, t. II, p. 269, pl. 202, f. 5-6.

Royan.

— **Espaillaci**, d'Orb., *Ter. crét.*, t. II, p. 271, pl. 205, f. 1-2.

Royan.

Emarginula gigantea, H. Coq.

Longueur : 55 mm., Largeur : 44 mm., Hauteur : 20 mm.

Coquille ovale, oblongue, conique, peu élevée, ornée d'un nombre infini de stries fines, concentriques, très-régulières. Fissure oblitérée aux deux tiers de son parcours, la partie oblitérée s'offrant sous forme de bourrelet un peu plat, presque lisse. Sommet court, légèrement excentrique, peu saillant, également strié, mais orné en outre de petites stries transversales, rayonnantes, plus espacées que les stries longitudinales, qui s'évanouissent après un parcours de 8 millimètres.

Bonneuil.

Cypræa ovula, H. Coq., *Journ. de Conchy.*

Globiconcha ovula, d'Orb., *Ter. crét.*, t. II, p. 145, pl. 170, f. 3.

Barbezieux, Aubeterre, Lavalette, Galinde.

Rostellaria carentonensis, H. Coq.

Longueur : 130 mm., Largeur du dern. tour 44 mm.

Coquille allongée, fusiforme, spire composée de tours convexes, lisses, mais marqués en travers de quelques rides perpendiculaires au plan d'enroulement. Le dernier tour renflé dans sa partie médiane. Labre étroit à la base; bouche ayant un sinus contigu au canal et se terminant par un canal saillant en bec pointu, assez court et légèrement courbé en dedans,

Cette espèce offre une grande analogie avec le *R. curvirostris*, espèce vivante.

Ambleville, Salles.

Pterocera supracretacea, d'Orb., *Ter. crét.*, t. II, p. 309, pl. 216, f. 3.
Barbezieux, Royan.

Fusus royanus, d'Orb., *Prodr.*, t. II, p. 228, n° 348.
Turbo turritellatus, d'Archiac, *Mém. soc. géol.*, t. II, p. 190; pl. 12, f. 11.
Fusus turritellatus, d'Orb., *Ter. crét.*, t. II, p. 344, pl. 225, f. 1.
Gimeux, Chalais, Royan.

— **Marroti**, d'Orb., *Ter. crét.*, t. II, p. 342, pl. 225, f. 3.
Aubeterre, Lavalette, Couze.

— **Fleuriausi**, d'Orb., *Ter. crét.*, t. II, p. 343, pl. 226, f. 1.
Royan, Barbezieux.

— **Nereis**, d'Orb., *Prodr.*, t. II, p. 228, n° 351.
Royan.

— **Harlei**, H. Coq.
Hauteur : 70 mm., Largeur du dernier tour : 57 mm.
Coquille oblongue, turriculée; spire formée de tours convexes, dilatés au sommet et étranglés dans le bas, saillants en rampe les uns sur les autres. Chaque tour est formé de deux régions distinctes, l'intérieure ornée de stries très-fines et très-régulières, la supérieure, portant deux carènes saillantes, séparées par un méplat. Dernier tour arrondi, labouré vers le haut par deux grosses côtes, ce qui avec les 2 carènes, forme 4 côtes saillantes.
Ribérac. Coll. de l'École des Mines.

— **Espaillaci**, d'Orb., *Ter. crét.*, t. II, p. 340, pl. 222.
Barbezieux, Royan.

— **Nanclasi**, H. Coq.
Hauteur : 128 mm., Largeur : 80 mm.
Coquille allongée, légèrement ventrue : tours convexes, carénés, saillants, disposés en rampe, ornés sur la carène, par révolution spirale, de 12 tubercules comprimés, longitudinaux, assez saillants, se transformant des deux côtés

en côtes obtuses, perpendiculaires au plan spiral. On observe en outre des côtes très-rapprochées, dont quelques-unes sont plus saillantes. Sur la moitié du dernier tour les côtes transversales s'évanouissent, les tubercules persistent seuls.

Barbezieux.

Fusus Baylei, H. Coq.

Longueur : 165 mm., Largeur : 110 mm.

Coquille turriculée, ventrue, formée de six tours convexes; le dernier tour occupant les deux tiers de la coquille entière.

Tours carénés, portant sur la carène de gros tubercules arrondis, obtus, espacés, d'où se détachent des plis ondulés, grossiers, longitudinaux. Ouverture oblongue, terminée par un canal assez court.

Lavalette.

Voluta Lahayesi, d'Orb., *Ter. crét.,* t. II, p. 226, pl. 221, f. 4.

Lavalette, Lanquais.

Cerithium petrocoriense, d'Orb., *Prodr.,* t. II, p. 230, n° 397.

Nerinea perigordiana, d'Orb., t. II, p. 96, pl. 163 *bis,* f. 3-4.

Laveyssière.

— **royanum,** d'Orb., *Prodr.,* t. II, p. 230, n° 402.

Royan.

Infundibulum cretaceum; d'Orb., *Ter. crét.,* p. 390, pl. 234, f. 1-3.

Royan.

Acéphales.

Clavagella cretacea, d'Orb., *Ter. crét.,* t. II, p. 300, pl. 347.

Royan.

Gastrochæna royana, d'Orb., *Prodr.,* t. II, p. 235, n° 487.

Fistulana royana, d'Orb., t. III, p. 395, pl. 375, f. 9-12.

Royan.

Pholadomya elliptica, Goldf., *Petr. Germ.,* t. 2 p. 273, pl. 158.

P. royana, d'Orb., *Ter. crét.,* t. 3, p. 360, pl. 367.

Barbezieux, Lavalette, Royan.

— **Marroti,** d'Orb., *Ter. crét.,* t. III, p. 358, pl. 365, f. 3-4.

Barbezieux, Salles, Bonneuil, Lavalette, Blanzac, Deviac, Nonac, Montignac-le-Coq, Aubeterre, Dordogne.

— **Moulinsii,** d'Orb., *Prodr.,* t. II, p. 234, n° 479.

Lanquais.

Anatina royana, d'Orb., *Ter. crét.,* t. III, p. 377, pl. 374, f. 5-6.

Aubeterre, Royan.

Arcopagia circinalis, d'Orb., *Ter. crét.*, t. III, p. 414 , pl. 378, f. 16-18.

    Barbezieux, Royan.

—   **gibbosa** , d'Orb., *Ter. crét.*, t. III, p. 395, pl. 378, f. 14-15.

    Saintes.

—   **rotundata**, d'Orb., *Ter. crét.*, t. III, p. 395, pl. 379, f. 6-7.

    Royan.

Thracia Baylei, H. Coq.

    Largeur : 45 mm. Hauteur : 30 mm.

    Coquille subquadrangulaire, gibbeuse, lisse, inéquivalve. Valve gauche plus bombée, portant à son milieu une large excavation dominée par deux espèces de carènes obtuses, obliques, inégales, qui se réunissent au sommet ; ce qui donne à cette coquille une forme gibbeuse et contournée. Valve droite plus déprimée , présentant en relief une éminence correspondant à l'excavation de la valve opposée. Côté antérieur court, coupé carrément : côté postérieur droit , parallèle à la région palléale. Crochets détachés , inégaux.

    Lavalette.

Capsa Arnaudi, H. Coq.

    Longueur : 70 mm. Largeur : 23 mm.

    Coquille allongée, comprimée, ornée de stries concentrique très-fines qui sont remplacées sur la région postérieure par un système de stries rayonnantes, inégales, plus prononcées vers la région cardinale et s'atténuant vers la région palléale. Côté antérieur court et arrondi ; côté postérieur allongé et obtus.

    Cette espèce , dont la disposition de ses stries contrastantes rapoelle la *C. discrepans*, s'en distingue par sa forme plus allongée, surtout par la finesse de ses stries ainsi que par l'absence complète de côtes.

    Lavalette, à la base de l'étage.

Tellina royana, d'Orb., *Ter. crét.*, t. III, p. 442, pl. 380, f. 9-11.

    Royan.

Pinna Moulinsii, d'Orb., *Prodr.*, t. III, p. 246, n° 246.

    Aubeterre, Lanquais.

—   **restituta** , Goldf., *Petr. Germ.*, t. II, pl. 138, f. 3.

    Criteuil.

Mytilus solutus , Duj. . d'Orb., *Ter. crét.*, t. III, p. 276, pl. 340, f. 5-6.

    Salles.

—   **Moulinsii** , d'Orb., *Prodr.*, t. II, p. 246, n° 731.

    Lanquais.

Mytilus Dufresnoyi, d'Orb., *Ter. crét.*, t. III, p. 284, pl. 343.

    Modiola Dufresnoyi, d'Arch., *Mém. Soc. géol.*, t. II, p. 188, pl. 12, f. 10. *a b.*

    Barbezieux, Aubeterre, Ambleville, Deviac, St.-Séverin. Blanzac, Archiac, Dordogne.

— **reticulatus**, H. Coq.

    Longueur : 67 mm. Largeur 25 mm.

    Coquille oblongue, arquée, renflée, gibbeuse, marquée de stries très fines rayonnantes. Ces stries sont croisées à angle droit par d'autres stries concentriques également fines. Cependant les premières sont plus prononcées. Région postérieure dilatée, région antérieure courte et étroite.

    Aubeterre, Criteuil, Château-Bernard.

Lithodomus cretaceus, H. Coq.

    Coquille ovale, oblongue, renflée, rétrécie et obtuse dans la région antérieure, coupée un peu obliquement du côté opposé ; valves égales, ornées de rides transversales ; crochets légèrement contournés.

    Aubeterre, Barbezieux.

— **intermedius**, d'Orb., *Ter. crét.*, t. III, p. 296, pl. 345, f. 9-10.

    Colombier.

    obtusus, d'Orb., *Ter. crét.*, t. III, p. 296, pl. 345, f. 11-13.

    Royan.

Myoconcha supracretacea, d'Orb., *Ter. crét.*, t. III, p. 266, pl. 385.

    Segonzac, Juillac-le-Coq, St-Séverin, Barbezieux, Blanzac, Aubeterre, Royan, Dordogne.

Avicula carentonensis, H. Coq.

    Diam. longit. : 80 mm. Diam. transv. 68 mm.

    Coquille plus haute que large, oblique, légèrement convexe ou presque plane, très-comprimée. Des côtes rayonnantes et hérissées de petites aspérités effilées, transverses partent du sommet des valves et viennent se perdre vers leur milieu, où celles-ci se montrent lisses jusqu'à la région palléale : lignes d'accroissement très-prononcées : aile postérieure dépourvue d'ornements, triangulaire, dessinant un angle presque droit et formant en-dedans un sinus bien accusé.

    Criteuil, Aubeterre, Brossac.

— **perigordina**, d'Orb., *Prodr.*, t. II, p. 249, n° 796

    Lanquais.

— **cærulescens**, Nilss., pl. 3, f. 19.

    Lanquais.

Avicula pectiniformis, Gein., *Kreid.*, pl. 20, f. 37, p. 79.
Lanquais.

— appoximata, Goldf., *Petr. Germ.*, t. II, p. 133, pl. 118, f.7.
Aubeterre, Barbezieux.

Perna Royana, d'Orb., *Ter. crét.*, t. III p. 499, pl. 462, f. 4-5.
Criteuil, Royan, Aubeterre.

— **Beaumonti**, H. Coq,
Hauteur : 146 mm. Largeur : 98.

Coquille plus haute que large, allongée dans son ensemble, très-comprimée, coupée obliquement au sommet, arrondie vers la région palléale, acuminée et prolongée en bec légèrement arqué du côté buccal, échancrée pour le passage du byssus : valves lisses ; têt mince, rendu onduleux par de nombreuses lignes d'accroissement; les fossettes du ligament peu profondes, de la même largeur que leurs intervalles.

On ne peut la comparer qu'à la *royana*, d'Orb.; mais l'exemplaire d'après lequel cette dernière espèce a été créée était dans un si mauvais état de conservation qu'il est bien difficile de saisir sur les figures ses caractères spécifiques. Je possède de Criteuil un spécimen plus large que haut qui paraît se rapporter à celle-ci. Toutefois la *P. Beaumonti* s'en sépare nettement par sa forme allongée et par son angle apicial qui est au-dessous de 80°, tandis que ce même angle s'élève à 90° dans la première.
Barbezieux, Aubeterre.

Inoceramus impressus, d'Orb., *Ter.crét.*, t. III, p. 515, pl. 109.
Barbezieux, Salles, Royan.

— **Goldfussii**, d'Orb., *Ter.crét.*, t. III, p. 517, f. 411.
I.Cripsii, Goldf., *Petr.Germ.*, t. II, pl. 112, f. 4,d.
Barbezieux, Royan, Lanquais.

— **regularis**, d'Orb, *Ter.crét.*, t. III, p. 516, pl. 410.
Aubeterre, Royan, Neuvic.

— **Lamarkii**, Rœm., *Nord. Kreid.*, p. 62, n° 8; d'Orb., t. III, p. 518, pl. 412.
Juillac-le-Coq, Montmoreau, Lanquais.

— **truncatus**, H. Coq.
Longueur : 77 mm. Largeur : 55 mm.

Coquille oblongue, plus longue que large, très-convexe ; valves ornées de larges ondulations concentriques, irrégulières; côté antérieur coupé carrément et limité par une ligne droite qui se confond avec le sommet des valves: côté postérieur arrondi : crochets saillants ; valves inégales.

Cette espèce offre de grandes analogies avec l'*I. impressus*. Mais outre l'impression qu'on remarque sur les valves de celle-ci et qui manque dans la seconde, l'*I. truncatus* s'en distingue aussi par son côté antérieur toujours coupé carrément.

Barbezieux, Gimeux.

Venus subplana, d'Orb., *Prodr.*, t. II, p. 237, n° 525.

Salles, Barbezieux, Aubeterre. Deviac, Lavalette.

— **royana**, d'Orb., *Ter. crét.*, t. III, p. 448, pl. 386, f. 4-5.

Salles, Royan.

— **Archiaci**, d'Orb., *Ter. crét.*, t. III, p. 449, pl. 386, f. 6-7.

Montendre.

Astarte difficilis, d'Orb., *Prodr.*, p. 238, n° 560.

Royan.

Lucina Harlei, H. Coq.

Hauteur : 38 mm. Largeur : 35 mm.

Coquille comprimée, arrondie, ornée de stries fines, égales, régulières, concentriques ; inéquilatérale : crochets saillants.

Souzac (Dordogne). Coll. de l'École des Mines.

Crassatella Marroti, d'Orb., *Ter. crét.*, t. III, p. 82, pl. 266, f. 8-9

Barbezieux, Gimeux, Royan.

Corbis Sallignaci, H. Coq.

Largeur : 62 mm. Hauteur : 58 mm.

Coquille un peu plus large que haute, presque ronde, renflée, inéquilatérale, ornée de côtes concentriques, égales, rapprochées et séparées par des sillons égaux. Ces côtes disparaissent vers la région antérieure de la coquille et sont à peine indiquées dans le voisinage des crochets. Il part du sommet un système de stries très-fines, rayonnantes, très-apparentes sur les crochets, mais s'affaiblissant graduellement à mesure qu'elles gagnent la partie centrale des valves. Ces stries reparaissent dans la région antérieure de la coquille ; crochets fortement recourbés sur la charnière.

Cette espèce ne saurait être comparée avec la *C. striato-costata*, qui, suivant toute ressemblance, appartient au genre *Venus*.

Essards, Aubeterre, Salles, Criteuil.

— **striato-costata**, d'Orb., *Ter. crét.*, t. III, p. 114, pl. 281, f. 1-2.

Barbezieux, Gimeux, Royan.

Cyprina Geneti, H. Coq.

Hauteur : 111 mm. Largeur : 88 mm. Epaisseur : 84 mm.

Coquille ovale, renflée, inéquilatérale, équivalve ; côté antérieur court, excavé profondément ; côté postérieur long, oblique ; crochets saillants, charnière épaisse ; attaches musculaires très-marquées. Valves bombées. Cette espèce par sa forme oblique et par sa grande taille se distingue des autres espèces.

J'ai dédié cette espèce à M. Genet dont l'amitié et l'hospitalité qu'il m'a offerte à son château de Lafaye ont facilité mes études dans le canton de Montmoreau.

Barbezieux, Nonac.

Edgardi, H. Coq.

Hauteur : 95 mm. Largeur : 86 mm. Épaisseur : 78 mm.

Coquille renflée, transverse, de forme rhomboïdale, iniquilatérale, équivalve ; côté antérieur court, excavé ; côté postérieur long, tronqué obliquement, arrondi à son extrémité ; crochets saillants ; charnière très-épaisse. Impressions musculaires très-marquées. Valves bombées. Cette espèce se distingue de la précédente par sa forme presque carrée et ses valves moins bombées,

Lavalette.

royana d'Orb., *Prodr.*, t. II, p. 239, n° 581.

Brossac, Royan.

elongata, d'Orb., *Ter. crét.*, t. III, p. 106, pl. 277, f. 5-6.

Barbezieux, Royan.

Plicatula malberchiana, H. Coq.

Longueur : 29 mm. Largeur : 29 mm. Epaisseur : 4 mm.

Coquille orbiculaire, épaisse, plate. Valve supérieure parfaitement plate ; valve inférieure légèrement convexe. La première est ornée de 16 côtes épaisses, plates, partant du sommet, se bifurquant à des distances inégales et marquées d'aspérités obtuses imitant des nodulosités. Vers la région de la charnière et de chaque côté des côtes principales, on observe un autre système de petites côtes très-courtes qui, par suite d'un rebroussement brusque, s'infléchissent vers l'extérieur. Les côtes de la valve inférieure sont élevées, triangulaires, coupantes et portent à leur extrémité deux ou trois murications, en forme d'épines, dirigées en avant.

Coteau de la Rafinie, près de Lavalette.

aspera, Sow., d'Orb., *Ter. crét.*, t. III, p. 686, pl. 463, f. 11-12.

Barbezieux.

Cardium Raulini. H. Coq.

> Hauteur : 57 mm., largeur : 44 mm., épaisseur : 43 mm.
>
> Coquille plus longue que large, inéquilatérale, un peu carrée sur le bord postérieur, arrondie ailleurs ; ornée en travers de côtes rapprochées qui couvrent la région postérieure en remontant jusque vers le milieu des valves ; la région antérieure en paraît dépourvue. Ces côtes étaient pourvues de tubercules dont l'impression est visible sur le moule : sommet très-saillant ; crochets écartés ; charnières très-épaisses, marquées de dents et de très-grosses fossettes : impressions musculaires fortes. Cette espèce, voisine du *C. carolinum* est remarquable par sa forme allongée, caractère qui suffit pour la distinguer des autres *cardium* de la craie.
>
> Gimeux.

— **bimarginatum**, d'Orb., *Ter. crét.*, t. III , p. 39 , pl. 250 , f. 4-8.

> Royan.

— **Faujassi**, Desmoul. , d'Orb., *Prodr.*, t. II, p. 244, n° 649.

> Royan, Saintes.

Spondylus royanus, d'Orb., *Ter. crét.*, t. III , p. 671 , pl. 460, 1-5.

> Aubeterre , Gimeux , Salles , Royan.

— **Dutemplei** , d'Orb., *Ter. crét.*, t. III , p. 672, pl.460, f.6-11.

> Barbezieux , Gimeux , Royan.

Chama angulosa, d'Orb., *Ter. crét.*, t. III , p.699, pl. 464, f.8-9.

> Aubeterre , Royan.

— **spondyloïdes**, Bayle, *Journ. de Conchyl.*, t. V, p.365, pl. 44.

> Royan.

Lima inornata , H. Coq.

> Longueur : 57 mm., largeur : 43 mm.
>
> Coquille ovale , déprimée , arrondie sur la région palléale ; test mince, lisse , excepté vers le côté antérieur où l'on remarque quelques stries longitudinales , mais qui disparaissent presque immédiatement.
>
> Criteuil.

— **Marroti** , d'Orb., *Ter. crét.*, t. III , p. 564 , pl. 424, f. 1-4.

> Aubeterre , Cose , Dordogne.

— **Baylei** , H. Coq.

> Largeur : 112 mm. , largeur : 83 mm., épais. , 33 mm.
>
> Coquille ovale , comprimée , légèrement transverse , équivalve, ornée de stries concentriques , séparées de distance en distance et d'une manière régulière par deux côtes lamelleuses, saillantes ; de petites stries moins pronon-

cées, moins régulières que les premières, se détachent, en rayonnant du sommet et donnent aux valves une structure finement treillissée.

Cette espèce, dont la forme rappelle la *L. rapa*, s'en distingue par les détails de son ornementation.

Aubeterre.

Lima ficoïdes, H. Coq.

Longueur : 59 mm., largeur : 44 mm.

Coquille déprimée, allongée dans son ensemble, arrondie sur la région palléale, devenant aigue et de forme triangulaire au sommet. Valves lisses sur leur surface externe, mais marquées sur la surface interne de petites côtes très-fines, divergentes, dont l'empreinte est visible sur le moule.

Genté, Criteuil, Salles, Bonneuil.

— **difficilis**, d'Orb., *Ter. crét.*, t. III, p. 551, pl. 423, f. 10.

Genté, Salles, Royan.

— **dissimilis**, H. Coq.

Coquille enflée, transverse, ovalaire, divisée en deux régions distinctes et tranchées au moyen d'une carène aiguë qui, partant du sommet, se rend à l'extrémité opposée. A partir de la carène, il se détache du sommet un faisceau de côtes qui diminuent successivement de grosseur et s'évanouissent après avoir occupé le tiers de la coquille ; ces côtes sont fines, régulières et tranchantes ; le reste de la coquille est lisse ; le côté antérieur se soude à angle droit à la carène et présente des stries transversales très-fines. Oreillette postérieure rabattue et petite. Sommet légèrement proéminent.

Aubeterre.

— **semisulcata**, Goldf., *Petr. Germ.*, t. II, p. 90, pl. 104, f. 3, d'Orb. *Ter. crét.*, t. III, pl. 562, pl. 424, f. 5-9.

Aubeterre.

— **tumida**, H. Coq.

Hauteur : 97 mm., largeur : 116 mm., épais. : 98 mm.

Coquille globuleuse, plus épaisse que haute, lisse, très-renflée dans la région rapprochée de la charnière ; crochets obtus, fortement recourbés sur la charnière. Région antérieure tronquée, excavée au milieu. Région postérieure élevée et portant une oreillette obtuse. Cette espèce, à cause du renflement prodigieux de ses valves et de sa forme globuleuse, ne peut être confondue avec aucune autre.

Segonzac, à la base de l'étage.

Lima Trigeri, H. Coq.

Longueur : 56 mm. , largeur : 43 mm.

Coquille déprimée, ovale, un peu allongée, arrondie vers la région palléale, rétrécie vers la région cardinale, têt mince, valves presque planes, ornées de stries longitudinales, simples, régulières et rapprochées.

Cette espèce, voisine de la *L. ficoïdes* s'en distingue par sa forme plus arrondie, moins étranglée au sommet, par les stries plus prononcées et par l'absence complète de méplat vers la suture buccale.

Salles.

— **Paqueroni**, H. Coq.

Longueur : 101 mm., largeur : 80 mm., épais. : 34 mm.

Coquille ovale, comprimée, équivalve : valves ornées de stries concentriques très-fines et très-régulières, marquées de distance en distance par quelques lignes plus prononcées d'accroissement.

Cette espèce, voisine de la *L. Baylei* s'en distingue, par l'absence de côtes saillantes, par son système de stries moins prononcées, par son têt plus épais et par sa forme moins transverse.

Barbezieux.

— **truncata**, Münst, Goldf., *Petr. Germ.*, t. II, p. 91, pl. 104, f. 6.

Aubeterre, Royan.

— **santonensis**, d'Orb., *Ter. crét.*, t. III, p. 565, pl. 425. f. 1-2.

Aubeterre, Barbezieux, Nonac, Blanzac, Lavalette. Salles, Birac, Bonneuil, Dordogne.

Pectunculus Marroti, d'Orb., *Ter. crét.* t. III, p. 192, pl. 307, f. 13-16.

Barbezieux, Royan.

Arca cretacea, d'Orb., *Prodr.*, t. II, p. 244, n° 673.

A. tumida, d'Orb., *Ter. crét.*, t. III, p. 244, pl. 328.

Deviac, Barbezieux, Essards, Bonneuil, Ambleville, St-Severin, Laprade, Aubeterre, Royan.

— **royana**, d'Orb., *Ter. crét.* t. III. p. 242, pl. 327. f. 3-4.

Aubeterre, Royan.

Trigonia inornata, d'Orb., *Ter. crét.* t. III., p. 158, pl. 297, f. 6-8.

Aubeterre, Royan.

— **echinata**, d'Orb., *Prodr.*, t. II, p. 240, n° 593.

Royan.

Pecten barbesillensis, d'Orb., *Ter. crét.* t. III, pl. 437, f. 5-8.

Barbezieux, Salles.

Pecten medio-plicatus, H. Coq.

    Hauteur : 31 mm. , largeur : 22 mm.

    Coquille ovale, presque ronde, un peu transverse, très-déprimée; valves convexes, ornées de 8 larges côtes plates, inégales, s'effaçant vers les bords de la coquille et séparées par une côte médiane s'élevant sous forme d'un pli saillant et logée entre deux sillons profonds. Oreillettes inégales, lisses, ou finement striées en travers.

    Ambleville.

— **royanus**, d'Orb., *Ter. crét.*, t. III , p.613 , pl.438, f.7-12.

    Aubeterre , Barbezieux, Royan.

— **Dujardini**, Rœm., *Nordd. Kreid.*, p. 53, n° 22; d'Orb., t.III, pl.439 , f. 5-11.

    Barbezieux, Louzac, à la base de l'étage.

— **Nillssoni**, Goldf,, *Petr. Germ.*, t. II, pl, 99 , f. 3 ; d'Orb., t. III , p. 616, pl.439 , f. 12-14.

    Essards.

— **multicostatus**, Rœm.; *Nordd. Kreid.* , p. 53 , n° 28 : Goldf., *Petr. Germ.* , pl. 92 , f. 3.

    Lavalette.

— **Regleyi**, H. Coq.

    Longueur : 60 mm., largeur : 60 mm.

    Coquille orbiculaire, aussi large que longue , ornée de 6 côtes élevées, obtuses, séparées par des sillons d'égale dimension. Chacune de ces côtes et chacun de ces sillons pourvus de 6 côtes fines , égales et régulières.

    Criteuil.

— **Espaillaci**, d'Orb., t. III , p. 614 , pl. 439 , f. 1-4.

    Aubeterre , Barbesieux , Criteuil, Salles, Royan.

— **recurrens**, H. Coq.

    Coquille suborbiculaire , équivalve, convexe, ornée de côtes élevées , égales et régulières, séparées par des sillons de même largeur. Cette espèce , à part ses dimensions , rappelle par sa forme générale le *P. œquivalvis* du lias moyen.

    Criteuil.

— **Marroti**, d'Orb., *Ter. crét.*, t. III , p. 612 , pl. 438 , f. 4-6.

    Chapelle Montabourlet.

— **girondinus**, d'Orb., *Prodr.* t. II , p. 251 , n° 84.

    Royan.

Janira quadricostata, d'Orb.

    Aubeterre, Barbezieux, Salles, Gimeux, Bonneuil, Royan.

— **Dutemplei**, d'Orb., *Ter. crét*, t. III, p.646, pl. 447, f. 8-11.

    Aubeterre, Barbezieux, Criteuil.

Janira substriato-costata, d'Orb., *Prodr.*, t. II, p. 258, n° 884.

> *J. striato-costata*, d'Orb., *Ter. crét.*, t. III, p.650, pl.449. f. 5-9.
>
> Aubeterre, Blanzac, Royan.

— **sexangularis**, d'Orb., *Ter. crét.*, t.III, p.648, pl.448, f.5-8.

> Aubeterre, Barbezieux, Lavalette, St-Séverin, Juillac-le-Coq, La Madeleine, Criteuil, Essards, Blanzac, Salles, Genté, Chavenac.

Ostrea pyrenaica, H. Coq.

> *Exogyra pyrenaica*, Leym., *Mém. Soc. géol.*, t. IV, pl.10. f. 4-6.
>
> *E. plicata*, Goldf., *Petr. Germ.*, t. II, pl. 87, f. 5-6.
>
> *E. auricularis*, Goldf., pl. 88, f. 2 : d'Orb., *Prodr.*, t.II, p. 256, n° 931.
>
> Aubeterre, Barbezieux, Deviac.

— **cornu-arietis**, H. Coq. *Descript. de la Prov. de Constantine*, *Mém. Soc. géol.*, t. V, pl. 5, f. 1-4.

> *Exogyra cornu-arietis*, Goldf., *Petr. Germ.*, t. II, pl.87, f. 2, *a*, *b*.
>
> *E. contorta* d'Archiac, *Mém. Soc. géol.*, t. II, pl. 42, f. 42 *a*, *b*.
>
> *E. decussata*, Goldf., pl. 86, f. 11.
>
> *E. conica*, Goldf., pl. 87, f. 1.

L'*O. cornu-arietis* est spéciale à la partie moyenne de l'étage campanien qu'elle caractérise d'une manière aussi positive que l'*O. larva*.

> Aubeterre, Bardenac, Barbezieux, Deviac, Essards, Gurac, Lagrave.

— **Overwegi**, H. Coq.

> *Exogyra Overwegi*, de Buch, *Aus den Monastsb. uber die Verhandl. der Gesellschaft fur Erdkunde zu Berlin*, Band IX, t. I, pl. 1, f. 1, *non* f. 2.
>
> Bardenac, Barbezieux.

— **harpa ?** d'Archiac, *Mém. Soc. géol.*, t. II, p. 184.

> *Exogyra harpa*, Goldf., *Petr. Germ.*, t. II, p. 38, pl. 87, f. 7.
>
> Aubeterre.

— **subinflata**, d'Orb., *Prodr.*, t. II, p. 256, n° 930.

> *Exogyra inflata*, Goldf., *Pétr. Germ.*, t. II, p. 121, pl. 114, f. 8.
>
> Aubeterre.

— **laciniata**, d'Orb., *Ter. crét.*, t. III, p.739, pl. 486, f. 1-3.

> *Exogyra laciniata*, Goldf., *Petr. Germ.*, t. II, pl. 86, f.12.

Aubeterre, Breuil, Brossac, Chalais, Bardenac, Baigne, Barbezieux, Condon, Nonac, Deviac, Montignac-le-Coq, St-Séverin, Salles, Criteuil, Blanzac, Rougnac, Magnac, Pérignac, Archiac, Royan.

On distingue dans cette espèce les variétés suivantes :

1° *Épineuse*. Les expansions lamelleuses de la valve inférieure se transforment en appendices épineux qui débordent en piquants saillants et donnent à la coquille une forme digitée ;

2° *Lisse*. Les expansions lamelleuses de la valve inférieure sont complétement effacées et la coquille n'est pourvue que de rides ondulées concentriques ;

3° *Granulée*. Plusieurs exemplaires ont la valve supérieure marquée de granulations ou d'aspérités qui lui donnent l'apparence d'une lime à dents grossières ou d'une rape.

Ostrea Matheroni, d'Orb., *Ter. cr.*, t. III, p. 737, pl. 485, *non* 5 et 6.

Exogyra plicata, Goldf., *Petr. Germ.*, t. II, p. 37. pl. 87, f. 5, *a*.

Aubeterre, Chalais, Le Breuil, Brossac, Condéon, Bardenac, Baigne, Barbezieux, Lamérac, Montmoreau, Nonac, Deviac, Aignes, St-Severin, Bonne, Salles, Genté, Eraville, Magnac, Lavalette, Blanzac, Saintes, Royan, Archiac.

— **canaliculata**, d'Orb., *Ter. crét.*, t. III, p. 709, pl. 471, f. 4-8.

O. lateralis, Goldf., *Petr. Germ.*, t. II, pl. 24, pl. 82, f. 1.

Livernant.

— *vesicularis*, Lam., d'Orb., *Ter. crét.*, t. III, p. 743, pl. 487.

C'est la coquille la plus commune de l'étage campanien ; elle forme souvent à elle seule des bancs de plusieurs mètres de puissance ; on la rencontre par milliers au milieu des vignobles qui fournissent les fameuses eaux-de-vie de Cognac.

Il est inutile de citer des localités ; elle foisonne dans toute la Champagne.

— **larva**, Lam., d'Orb., *Ter. crét.*, t. III, p. 740, pl. 486, f. 4-8.

Aubeterre, Barbezieux, Bardenac, Royan,

— **lunata**, Nilss., *Petr. Suecan.*, t. I, pl. 6, f. 3, *a*, *d* ; Goldf., *Petr. Germ.*, t. II, pl. 75, f. 2.

Aubeterre.

— **aviculoïdes**, H. Coq.

Coquille oblique, comprimée, dilatée, irrégulière ; têt nacré ; marquée de plis concentriques et inégaux dus aux lignes d'accroissement : valves égales, légèrement convexes ; crochets aigus, écartés, montrant une arête oblique, plissée, dans laquelle s'insérait le ligament et se prolongeant sous forme de gouttière vers le côté droit de la coquille.

Salles.

Overwegi Boucheroni, H. Coq.

Espèce assez grosse, lisse, traversée à partir du sommet par un pli large, obtus, qui la sépare en sections inégales et imprime à la valve une double torsion.

Lavalette.

Anomia excentrica, H. Coq.

Hauteur ; 25 mm., largeur : 12 mm.

Coquille suborbiculaire, un peu plus haute que large, lisse ; valves marquées de stries concentriques d'accroissement très-fines et très-rapprochées. Sommet excentrique, un peu oblique, légèrement proéminent, affleurant au limbe supérieur de la coquille.

Barbezieux.

Rudistes.

Radiolites fissicostatus, Bayle.

Biradiolites fissicostata, d'Orb., *Ter. crét.*, t. IV, p. 234, pl. 575, f. 1-4.

Lavalette, Charmant, Toutblanc, Essards, à la base de l'étage (1).

— **royanus**, d'Orb., *Ter. crét.*, t. IV, p. 228, pl. 574, f. 1-3.

Lavalette, Salles, Aubeterre, Royan.

— **acuticostatus**, d'Orb., *Ter. crét.*, t. IV, p. 208, pl. 550.

Barbezieux, Royan.

— **crateriformis**, d'Orb., *Ter. crét.*, t. IV, p. 222, pl. 563.

Royan.

Sphærulites alatus, Bayle.

Radiolites alata, d'Orb., *Ter. crét.*, t. IV, p. 226, pl. 569.

Royan.

— **Hœninghausi**, des Moul., *Essai sur le Sph.*, p. 6, pl. 7, f. 2.

Hippurites Hœninghausi, Goldf., *Petr. Germ.*, pl. 164, f. 3, *a*, *b*., *c*.

Radiolites Hœninghausi, d'Orb., t. IV, p. 223, pl. 567, non 565, 566.

(1) Cette espèce est plutôt spéciale à l'étage santonien dans le sud-ouest comme dans le midi de la France.

R. dilatata, d'Orb., t. IV, p. 225, pl. 568, f. 1-4.

R. acuta, d'Orb., t. IV, p. 228, pl. 571, f. 4-8.

Cognac, Barbezieux, Lavalette. Aubeterre, Essards.
Criteuil, Royan, Dordogne.

Sphærulites Sœmanni, Bayle, *Bull. Soc. géol.*, t. XIV, p. 690.
Royan.

Brachiopodes.

Rhynchonella triptera, H. Coq.

Diam. transv., 22 mm.; diam. apicial : 21 mm.

Coquille triangulaire, presque aussi large que haute, ornée de 44 à 46 côtes très-régulières, aplaties à leur origine et devenant tranchantes à leur extrémité : valve supérieure divisée en trois régions inégales, deux ailes latérales et une partie centrale déprimée, sillonnée par 8 plis et se relevant brusquement vers la valve inférieure : cette dernière, globuleuse au sommet, et relevée en dôme au milieu. Commissure grimaçante et fortement projetée vers le bas. Les ailes, au lieu d'être dilatées à l'extérieur, comme dans la *R. vespertilio*, s'abaissent brusquement dans le sens de l'axe apicial, en devenant parallèles à la saillie centrale.

Magnac, Chateau-Bernard, à la base de l'étage.

— **Boreaui**, H. Coq.

Largeur : 16 mm., hauteur : 13 mm.

Coquille un peu plus large que haute, triangulaire, ornée de 38 à 42 côtes rayonnantes, saillantes, séparées par des sillons égaux, se prolongeant jusqu'au sommet des valves. Valve supérieure à crochet court et recourbé, déprimée au milieu ; valve inférieure, bombée, relevée à sa partie centrale.

Chateau-Bernard, Lavie, Toutblanc, à la base de l'étage.

— **Bluteli**, H. Coq.

Diamètre transv. : 40 mm., diamètre apic : 29 mm.

Coquille plus large que haute, transverse, anguleuse, très-dilatée et tronquée à sa base; ornée de 52 côtes aiguës, très-vives : valve supérieure, divisée en 3 régions à-peu-près égales, deux ailes et une partie centrale déprimée, occupée par 44 côtes, se terminant par une saillie arrondie. Valve inférieure plus bombée, globuleuse au sommet et relevée en arc de voûte au milieu; la partie saillante correspondant à la partie creusée de la valve opposée. Commissure latérale formant un angle droit, dont

9

un des côtés descend perpendiculairement du crochet et dont l'autre se courbe à angle droit vers la valve inférieure.

Cette espèce offre, au premier aspect, quelque ressemblance avec la *R. vespertilio*: mais elle s'en distingue très-nettement par ses côtes aiguës qui sont constamment arrondies dans celle-ci, par le nombre moins considérable de ces mêmes côtes, par ses ailes moins étendues et jamais repliées en bords de chapeau ou sous forme de collerette frangée; enfin, par la régularité de son sinus palléal dont l'extrémité ne revient pas en retour sur la valve inférieure, comme on l'observe dans le *R. vespertilio*.

Aubeterre, avec *Ostrea larva*.

Rhynchonella octoplicata, d'Orb., *Ter. crét.*, t. IV, p. 16, pl. 499, f. 8-10.

> *Terebratula octoplicata*, Sow., *Min.. Conch.*, t. II, p. 37, pl. 118, f. 2.
>
> *T. plicatilis*, Sow., t. II, p. 37, pl. 118, f. 1.
>
> Aubeterre, Birac.

— **vesicularis**, H. Coq.

Axe transv. : 29 mm., axe apicial : 22 mm.

Coquille triangulaire, très-irrégulière, anguleuse vers la région cardinale, inégalement tronquée sur le bord opposé, ornée d'un nombre infini de stries très-fines qui disparaissent vers le crochet. Valve supérieure moins convexe que l'autre, creusée à son centre d'une dépression qui se reproduit dans la valve opposée. En plaçant la région cardinale en avant, on s'aperçoit que son côté droit se retire fortement sur la moitié de sa largeur, tandis que l'autre côté s'abaisse dans la porportion d'une hauteur égale : ce qui rend la coquille très-difforme. Commissure latérale sinueuse ; commissure palléale grimaçante, c'est-à-dire, relevée à droite et abaissée à gauche, de manière à représenter une S couchée sur la côte.

Cette espèce rappelle les *R. contorta* et *difformis*; mais elle s'en distingue par sa forme plus aiguë, par ses stries fines; les deux autres espèces étant ornées de côtes saillantes.

Aubeterre.

Terebratula Boucheroni. H. Coq.

Hauteur : 35 mm., largeur : 33 mm.

Coquille presque ronde, déprimée. lisse ; valve supe-rieure convexe, légèrement arquée et tronquée, présentant à la région palléale une faible inflexion. Valve inférieure convexe, un peu moins bombée que la supérieure ; ouverture arrondie, de grandeur moyenne , munie d'un petit deltidium. Commissure des valves légèrement ondulée sur la région palléale.

La *T. Boucheroni* est voisine de forme avec les *T. carnea* et *semiglobosa ;* mais son sommet peu recourbé , la grandeur de son ouverture et la présence d'un deltidium suffisent pour l'en distinguer. On ne saurait la confondre non plus avec la *T. coniacensis* dont elle se sépare par sa forme plus plate et plus arrondie.

Lavalette , Cognac.

— **Clementi**, H. Coq.

Longueur : 26 mm., largeur : 24 mm.

Coquille de forme ovale , allongée vers la région cardinale , dilatée vers sa base où elle se termine par un angle festonné ; lisse au sommet, ornée de côtes larges au nombre de 10. Valve supérieure bombée, régulièrement convexe, à crochet peu recourbé et tronqué à son sommet. Dix côtes ou plis, espacés, se detachent des rebords, divergent sous forme d'éventail en se dirigeant vers la partie médiane de la valve où elles s'effacent graduellement. La partie centrale de cette valve est creusée par une dépression sous forme de gouttière à laquelle correspond sur la valve opposée un bourrelet large et saillant. Valve inférieure, convexe, reproduisant les mêmes dispositions que dans l'autre côté , mais avec transposition de reliefs. Ouverture ronde, moyenne; commissure des valves festonnée ou denticulée.

Aubeterre.

— **Boreaui**, H. Coq.

Largeur : 15 mm., hauteur : 17 mm.

Coquille presque aussi haute que large, lisse, bombée . marquée de deux plis à la région palléale à la manière des *T. biplicata;* crochet recourbé et percé d'une très-petite ouverture.

Découverte par M. Arnaud, à Trélissac (Dordogne).

Terebratella santonensis, d'Orb., *Ter. crét.*, t. IV, pl. 518, f. 5-9.

Terebratula santonensis, d'Archiac, *Mém. Soc. géol.* t. II, p. 181, pl. 13, f. 14.

Aubeterre , Barbezieux , Salles . Lavalette , Royan , Mortagne.

— **trapézoïdalis**, H. Coq.

Espèce tétragone, ornée de côtes dichotomées vers leur

périphérie, présentant un sinus très-prononcé sur la valve supérieure qui correspond à une saillie sur la valve opposée.

Aubeterre. Coll. de M. Hébert.

Crania ignabergensis, Retzius: d'Orb.: *Ter. crét.*, t. IV, pl. 525, f. 1-6.

Aubeterre, Royan.

   Heberti, H. Coq.

Espèce étroite, conique.

Aubeterre. Coll. de M. Hébert.

Orbicula lamellosa, d'Archiac. *Mém. Soc. géol.* t. II, p. 181, pl. 12, f. 7.

Royan.

Bryozoaires.

Cellaria cactiformis, d'Orb., *Ter. crét.*, t. V, p. 29, pl. 651, f. 1-4.

Saintes, Royan.

— **inæqualis**, d'Orb., t. V, p. 30, pl. 651, f. 5-8.

Royan.

Vincularia normaniana, d'Orb., t. III, p. 63, pl. 600, f. 14-16.

Saintes, Royan.

— **regularis**, d'Orb., t. V, p. 64, pl. 601, f. 1-3.

Royan.

— **royana**, d'Orb., t. V, p. 66, pl. 654, f. 1-3.

Royan.

— **pulchella**, d'Orb., t. V, p. 71, pl. 655, f. 10-12.

Pérignac.

— **verticillata**, d'Orb., t. V, p. 86, pl. 659, f. 4-6.

Royan.

— **lepida**, d'Orb., t. V, p. 80, pl. 657, f. 13-15.

Pérignac.

— **elegans**, d'Orb., t. V, p. 88, pl. 659, f. 13-15.

Pérignac.

— **Leda**, d'Orb., t. V, p. 88, pl. 659, f. 16-18.

Pérignac.

— **quadrangularis**, d'Orb., t. V, p. 190, pl. 681, f. 4-6.

Péguillac.

Eschara Delaruei, d'Orb., t. V, p. 105, pl. 602, f. 6-8; pl. 673, f. 8.

Royan.

— **girondina**, d'Orb., t. V, p. 106, pl. 602, f. 9-11, 14-16; pl. 673, f. 1.

Royan.

— **royana**, d'Orb., t. V, p. 108, pl. 602, f. 12-13; pl. 673, f. 2-3.

Royan.

Eschara santonensis, d'Orb., t. V, p. 109, pl. 603, f. 1-3, pl. 673, f. 4.
Saintes, Pérignac.

— **Acis**, d'Orb., t. V, p. 114, pl. 662, f. 10-12; pl. 676, f. 1-5.
Saintes, Royan.

— **Antiopa**, d'Orb., t. V, p. 120, pl. 664, f. 1-4.
Pérignac, Royan.

— **Aglaïa**, d'Orb., t. V, p. 123, pl. 665, f. 1-4.
Royan.

— **Allica**, d'Orb., t. V, p. 125, pl. 665, f. 8-10.
Royan et Saintes.

— **Artemis**, d'Orb., t. V, p. 130, pl. 667, f. 7-10.
Royan et Pérignac.

— **Callirhoë**, d'Orb., t. V, p. 139, pl. 669, f. 11-14.
Royan.

— **Calypso**, d'Orb., t. V, p. 140, pl. 669, f. 15-17.
Royan.

— **Camilla**, d'Orb., t. V, p. 141, pl. 669, f. 18-20.
Royan.

— **Camæna**, d'Orb., t. V, p. 141, pl. 670, f. 1-4.
Pérignac.

— **Cassiope**, d'Orb., t. V, p. 142, pl. 670, f. 5-7.
Pérignac.

— **Cepha**, d'Orb., t. V, p. 143, pl. 670, f. 8-10.
Royan.

— **Charonia**, d'Orb., t. V, p. 144, pl. 670, f. 11-13.
Royan.

— **Chloris**, d'Orb., t. V, p. 145, pl. 670, f. 14-16.
Pérignac.

— **Dejanira**, d'Orb., t. V, p. 161, pl. 675, f. 17-19.
Péguillac.

Escharinella elegans. d'Orb., t. V, p. 204, pl. 683, f. 11-13.
Royan.

Escharifora Circe, d'Orb., t. V, p. 240, pl. 671, f. 1-4; pl. 684, f. 8
Royan.

— **rhomboïdalis**. d'Orb., t. V, p. 240, pl. 684, f. 1-4.
Royan.

Escharella Arge, d'Orb., t. V, p. 219, pl. 666, f. 7-9.
Royan.

Escharipora Neptuni. d'Orb., t. V, p. 221, pl. 603, f. 7-9.
pl. 684, f. 12.
Royan.

— **pretiosa**, d'Orb., t. V, p. 227, pl. 686, f. 1-5.
Royan.

Bifustra Actæon, d'Orb., t. V, p. 254, pl. 663, f. 1-4.
Royan.

— **royana**, d'Orb., t. V, p. 255, pl. 689, f. 15-17.
Royan.

— **crasso-ramosa**, d'Orb., t. V, p. 257, pl. 690, f. 7-10.
Royan.

— **regularis**, d'Orb., t. V, p. 259, pl. 691, f. 1-3.
Royan.

— **rhomboïdalis**, d'Orb., t. V, p. 260, pl. 691, f. 4-6
Saintes, Royan.

— **rustica**, d'Orb., t. V, p. 250.
Vincularia rustica, d'Orb., *Ter. crét.*, t. V, p. 71,
pl. 655, f. 7-9.
Pérignac.

— **prolifica**, d'Orb., t. V, p. 261, pl. 691, f. 7-11.
Pérignac.

— **pauperata**, d'Orb., t. V, p. 263, pl. 692, f. 7-12.
Royan.

— **girondina**, d'Orb., t. V, p. 279, pl. 696, f. 14-16.
Royan.

Flustrella pulchella, d'Orb., t. V, p. 284, pl. 697, f. 1-4.
Royan.

— **polymorpha**, d'Orb., t. V, p. 286, pl. 697, f. 12-13.
Royan.

— **inversa**, d'Orb., t. V, p. 289, pl. 698, f. 12-15.
Pérignac.

Flustrina compressa, d'Orb., t. V, p. 304, pl. 704, f. 10-12
Royan.

— **elegans**, d'Orb., t. V, p. 302, pl. 701, f. 17-19.
Royan.

— **ornata**, d'Orb., t. V, p. 303, pl. 702, f. 1-4.
Royan.

Stichopora clypeata, Hagenow, *Bryoz. Maas. Kreid.* p. 100, pl. 12,
f. 14, d'Orb., t. 5, p. 364, pl. 767, f. 5-9.
Royan.

Semieschara simplex, d'Orb., t. V, p. 373, pl. 709, f. 1-4.
Péguillac.

Cellepora simplex, d'Orb., t. V, p. 407, pl. 605, f. 10-11 : pl. 713,
f. 14-16.
Royan.

— **Zelima**, d'Orb., t. V, p. 442, pl. 712, f. 15-16.
Royan.

— **Zangis**, d'Orb., t. V, p. 443, pl. 713, f. 1-2.
Royan.

Cellepora Xiphis, d'Orb., t. V, p. 413, pl. 743, f. 3-4.
Royan.

— **Urania**, d'Orb., t. V, p. 445, pl. 743, f. 10-11.
Royan.

Porina angustata, d'Orb., t. V, p. 436, pl. 626, f. 11-15.
Royan.

— **varians**, d'Orb., t. V, p. 437, pl. 744, f. 8-10.
Royan.

— **filiformis**, d'Orb., t. V, p. 438, pl. 744, f. 11-13.
Royan.

Reptescharellina horrida, d'Orb., t. V, p. 456, pl. 715, f. 7-9.
Royan.

Reptescharella flabellata, d'Orb., t. V, p. 469, pl. 716, f. 9-12.
Pérignac.

— **pupoïdes**, d'Orb., t. V, p. 470, pl. 716, f. 13-15.
Royan.

Semieschsripora ovalis, d'Orb., t. V, p. 488, pl. 719, f. 13-16.
Royan.

Reptescharipora rustica, d'Orb., t. V, p. 494, pl. 720, f. 9-10.
Royan.

Discoflustrellaria doma, d'Orb., t. V, p. 509, pl. 722, f. 6-10.
Royan.

Filiflustrellaria obliqua, d'Orb., t. V, p. 513, pl. 723, f. 1-4.
Royan.

Flustrellaria forata, d'Orb., t. V, p. 528, pl. 726, f. 10-13.
Saintes, Royan.

— **profunda**, d'Orb., t. V, p. 529, pl. 726, f. 14-17.
Royan.

Membranipora Calypso, d'Orb., t. V, p. 553, pl. 729, f. 7-8.
Royan.

— **subsimplex**, d'Orb., t. V, p. 556, pl. 729, f. 17-18.
M. marticensis, d'Orb., t. V, pl. 729, f. 23-24.
Royan.

— **pyriformis**, d'Orb., t. V, p. 557, pl. 729, f. 19-20.
Royan.

— **rustica**, d'Orb., t. V, p. 558, pl. 729, f. 21-22.
Royan.

Nodelea ornata, d'Orb., t. V, p. 642, pl. 735, f. 12-16.
Bougniaux.

Melicertites semiluna, d'Orb., t. V, p. 624, pl. 737, f. 8-10.
Bougniaux.

Osculipora royana, d'Orb., t. V, p. 679, pl. 800 *bis*, f. 1-4.
Royan.

Tubigera antiqua, d'Orb., t. V, p. 722. pl. 613, f. 44-45 ; pl.746, f. 4.
Royan.

Idmonea ramosa, d'Orb., t. V. p. 736, pl. 644 , f. 44-45.
Royan.

— **cancellata**, Hag.: *Die Bryoz.*, p. 29, pl. 2. f. 7 : d'Orb., t. V.
p, 739, pl. 748, f. 20-23.
Royan.

— **pseudodisticha**, Hag., p. 34, pl. 2, f. 9 ; d'Orb., t. V, p.740.
pl. 749 , t. 4-6.
Royan.

Reptotubigera serpens, d'Orb., t. V, p. 755, pl. 754, f. 4-7.
Pérignac.

Multitubigera gregarea, d'Orb., t. V. p. 769. pl.752, f. 9-40.
Royan.

Entalophora subgracilis, d'Orb., t. V, p. 788, pl. 624 , f. 4-6.
Royan.

— **madreporacca**, d'Orb., t. V, p. 793, pl. 623, f. 4-3.
Ceriopora madreporacca, Gold., *Pet. Germ.*, t. I, p. 35,
pl. 40, f. 42.
Royan.

— **symetrica**, d'Orb., t. V, p. 796, pl. 755, f. 4-6.
Royan.

Bidiastopora elegans, d'Orb., t. V, p. 802, pl. 627, f. 5-8.
Royan.

— **crassa**, d'Orb., t. V, p. 803, pl. 627, f. 13-46.
Royan.

— **triangularis**, d'Orb., t. V, p. 805, pl. 755, f. 16-18.
Royan.

— **papyracea**, d'Orb., t. V, p. 805, pl. 756, f. 4-3.
Pérignac.

Mesinteripora laxipora, d'Orb., t. V, p. 842, pl. 756, f. 44-47.
Royan.

Berenicea littoralis, d'Orb., t. V, p. 867, pl. 640, f. 7-8.
Royan.

Spiriclausa spiralis, d'Orb., 1, V, p. 883, pl. 764, f. 4-5.
Ceriopora spiralis, Goldf., *Petr. Germ.*, t. I, p. 36, pl.44.
fig. 2.
Royan.

Clausa irregularis, d'Orb., t. V, p. 897, pl. 624, f. 12; pl. 766, f.40-42
Royan.

Reticulipora girondina, d'Orb., t. V, p. 906, pl. 609, f. 7-42.
Royan.

Bicrisina cultrata, d'Orb., t. V, p. 909, pl. 611, f. 6-10 ; pl. 768 f. 11-15.

Royan.

Crisina normaniana, d'Orb., t. V, p. 914, pl. 612, f. 1-5.

Pérignac.

Zonopora variabilis, d'Orb., t. V, p. 931, pl. 771, f. 9-13.

Royan.

— **undata**, d'Orb., t. V, p. 932, pl. 771, f. 14-15.

Pérignac

Reteporidea royana, d'Orb., t. V, p. 937 , pl. 608 , f. 1-5: pl. 722 , fig. 18.

Royan.

— **ramosa**, d'Orb., t. V, p. 937, pl. 608, f. 6-10 ; pl. 773, f. 1-3.

Royan.

Multicavea magnifica, d'Orb., t. V, p. 977, pl. 778, f. 10; pl. 779 , f. 1-4.

Royan.

Sulcocava lacryma, d'Orb., t. V, p. 1022, pl. 789 , f. 9-12.

Royan.

Plethopora ramulosa, d'Orb., t. V, p. 1045, pl. 799, f. 1-3.

Royan.

— **cervicornis**, d'Orb., t. V, p. 1045, pl. 799, f. 4-5.

Royan.

Semicrescis tubulosa, d'Orb , t. V. p. 1073 , pl. 799, f. 8-10.

Royan.

RAYONNÉS. — Échinodermes.

Cidaris clavigera , Koenig., *Icon. foss. sect.* Desor. *Synop.*, p. 12 *C. margaritifera*, Auct.

Talmont.

— **sceptrifera**, Mantell, *Geol. of. Sussex*, pl. 17, f. 18-22.

Aubeterre, Talmont.

— **subvesiculosa**, d'Orb., *Prodr.*, t. II, p. 274, n° 1255.

Aubeterre , Barbezieux , Lavalette, Bonneuil . Royan . Talmont.

— **Ramondi**, Leym., *Mém. soc. géol.*, t. IV, pl. 9, f. 11, *a, b. c, d.*

Aubeterre, Barbezieux.

(Cette espèce pourrait bien n'être qu'une variété de l'espèce précédente).

— **granulo-striata**, Desor, *Synop.*, p. 14.

Arrond. de Cognac, Lavalette, Royan.

— **Jouanneti**, Des Moul., Desor, *Syn.*, p. 33, pl. 5, f. 14.

Royan. Périgord.

Cidanis cyathifera, Ag. et Desor, *Synop.*, p. 33. pl. 5, f. 15.
Dordogne.

— **spinosissima,** Ag. et Desor, *Syn.*, p. 33, pl. 5, f. 20.
Aubeterre, Barbezieux, Royan.

Pseudodiadema pusillum, H. Coq.

Cette espèce, dont le diamètre est de 6 mm. au plus, m'a
paru présenter les mêmes ornements que le *P. Kleinii.*
Aubeterre, Royan.

— **miliare,** H. Coq.

Cidarites miliaris, d'Archiac. *Mém. soc. géol.,* t. II.
p. 179, pl. 11, f. 8.
Aubeterre, Royan.

Phymosoma corollare, Desor, *Synop.*, p. 88.

Cidarites corollaris, Auct.
Cyphosoma corollare, Agas., *Cat. syst.,* p. 11.
Aubeterre, Barbezieux, Lavalette, Royan.

— **magnificum,** Desor, *Synop.*, p. 88.

Cyphosoma magnificuum, Ag. *Cat. syst.,* p. 11.
Aubeterre, Lavalette, Barbezieux, Royan.

— **saxatile,** Desor, *Synop.*, p. 87.

Echinites saxatilis, Park., *Org. rem.,* t. V, pl. 3, f. 1.
Cyphosoma tiara, Agas., *Cat. rais.,* p. 47.
Aubeterre.

— **circinatum,** Desor, *Synop*, p. 88.

Cyphosoma circinatum, Agas., *Catal. syst.,* p. 47.
Lavalette, Barbezieux, Royan.

— — **girumnense,** Desor, *Synop.,* p. 88.

Royan, Talmont.

— **regulare,** Desor, *Synop.,* p. 89.

Cyphosoma regulare, Ag., *Cat. syst.,* p. 11.
Royan. Coll. de l'École des Mines.

— **sulcatum,** Desor, *Synop.,* p. 90.

Cyphosoma sulcatum, Ag., *Cat. rais.*
Aubeterre, Coll. de l'École des Mines.

— **Sœmanni,** H. Coq.

Magnifique espèce plus grande que le *magnificum,* dont
elle diffère par un plus grand espacement des plaques des
aires interambulacraires, par ses tubercules moins saillants et surtout par l'absence de rangées de tubercules
secondaires, ceux-ci étant réduits au nombre de 4 ou 5,
très-petits et disposés à la base seulement de la coquille.

Les lignes de pores décrivent des arcs très-prononcés au droit des plaquettes.

Diamètre : 41 mm.

Royan. Collection de l'École des Mines.

Phymosoma Kœnigii, Desor, *Synops.*, p. 86, pl. 15. f. 1-4.

> *Echinus Kœnigii*, Mant., *Geol. of Sussex*, p. 189.
> Lavalette.

— **ornatissimum**, H. Coq.

> *Cyphosoma ornatissimum*, Agas., *Cat. rais.*, p. 48.
> Lavalette, Gurac, Aubeterre, St-Séverin, Royan.

Goniopygus royanus, Cotteau d'après d'Archiac.

> Aubeterre, Royan.

— **Baylei**, H. Coq.

> *G. Menardi*, Desor, *Synop.*, p. 94, pl. 14, f. 15 et 16ᵃ
> *exclus* f. 16, qui est celui du Mans.
>
> Cette espèce est beaucoup plus large et plus haute que le *G. Menardi :* surface des plaques ocellaires et génitales granulées, tandis qu'elles sont lisses dans celle-ci : plaques du sommet plus inégales et moins épatées.
>
> Royan, Aubeterre. Coll. de l'École des Mines.

Cottaldia Michelini, H. Coq.

> Espèce voisine par la taille de la *C. granulosa*, mais en différant en ce que les tubercules sont disposés en séries horizontales tant sur les aires ambulacraires que sur les aires interambulacraires.
>
> Royan. Coll. de l'École des Mines.

Psammechinus Desori, H. Coq.

> Diamètre : 35 mm.
>
> Espèce très-tuberculeuse : aires ambulacraires se dessinant sous formes de tranches saillantes ; ornées de deux rangées de tubercules réguliers au milieu desquelles sont de nombreuses granulations ; aires interambulacraires portant une rangée régulière de tubercules et parsemées de nombreuses granulations vers la région des zones porifères et de quelques granulations seulement dans l'espace intermédiaire.
>
> Royan. Coll. de l'École des Mines.

Hyposalenia heliophora, Desor., *Synops.*, p. 148.

> *Salenia heliophora*, Desor., *Cat. rais.*, p. 38.
> Barbezieux, Aubeterre.

Discoïdea lævissima, Desor, *Cat. rais.*, p. 90.

> Aubeterre, Royan.

Globator petrocoriensis, Agas., *Cat. rais.*, p. 92.

> *Pyrina petrocoriensis*, Desm., *Tabl. synon.*, p. 258 :
> d'Orb., *Ter. crét.*, t. VI, pl. 986, f. 1-5.
> Aubeterre, Périgord.

Pyrina ovulum, Agas., *Cat. systém.*, p. 7 : Desor. *Synop.*, p. 190
pl. 26, f. 8-10.

> Aubeterre, Dordogne.

Echinobrissus minor, Desor, *Synop.*, p. 266.

> *Nucleopygus minor*, Agas., Desor, *Galér.*, p. 33, pl. 5,
> f. 20-22.
> Barbezieux, Royan.

— **Moulinsii**, d'Orb., *Ter. crét.*, t. VI, pl. 991, f. 1-5.
> Charente.

— **Collegnii**, d'Orb., *Ter. crét.*, t. VI, pl. 960, f. 1-5.

> *Nucleolites Collegnii*, Desor, *Cat. rais.*, p. 97.
> Aubeterre, Couze.

Nucleolites crucifer, Mort., *Synop.*, p. 75, pl. 3, f. 15.

> *Trematopygus crucifer*, d'Orb., *Ter. crét.*, t. VI, pl. 953,
> f. 10, 11 : pl. 963, f. 1-5.
> Couze.

Botryopygus Nanclasi, H. Coq.

> Longueur : 55 mm. Largeur : 37 mm. Largeur en face
> du sommet, 34 mm. Hauteur : 20 mm.

> Coquille très-déprimée, elliptique beaucoup plus longue
> que large, plus large en arrière qu'en avant. Dessus légè-
> rement convexe, dont le point culminant correspondant
> au sommet se trouve placé en avant aux deux tiers environ
> de la coquille. Le pourtour est convexe, obtus, non angu-
> leux. Dessous un peu concave au milieu et surtout vers
> la région buccale. Bouche pentagonale, excentrique,
> portée en avant, pourvue de 5 bourrelets et entourée d'une
> rosette de pores courte, pétaloïde : les pores profondé-
> ment impressionnés; anus marginal, disposé en fente ova-
> laire : ambulacres lancéolés, très-longs, très-étroits, dé-
> passant au-delà du pourtour extérieur, où ils se dilatent,
> mais s'effaçant sous la face inférieure de la coquille. Les
> zones des pores sont étroites, en creux, et laissent un
> espace convexe très-étroit au milieu de chaque ambulacre.
> Ces zones consistent en deux points opposés, enfoncés à
> l'extrémité d'une rainure alternant avec de petites côtes
> ornées de granulations. En dessus les tubercules sont à
> peine indiqués et ressemblent à de simples granulations :
> en dessous ils sont un peu plus saillants.

Cette jolie espèce se distingue du *B. Toucasi* par sa taille plus allongée et par ses ambulacres plus étroits.

Lavalette, Dordogne.

Catopygus elongatus, Desor, *Cat. rais.*, p. 100 ; d'Orb., *Ter. crét.*, t. VI, pl. 975, f. 4–6.

Barbezieux, Royan.

Rhynchopygus Marmini, d'Orb., *Ter. crét.*, t. VI, pl. 927.

Cassidulus Marmini, Ag., *Cat. syst.*, p. 99

Port de Léna (Dordogne), Royan.

Faujassia Faujassii, d'Orb., *Ter. crét.*, t. VI, p, 347, pl. 923.

Pygurus Faujassii, Agas., *Cat. rais.*, p. 404.

Barbezieux, Lanquais.

Conoclypus Leskei, Agas., *Cat. syst.*, p. 5.

Clypeaster Leskei, Goldf., *Petr. Germ.*, p.182, pl. 42, f.4.

Conoclypus ovatus, d'Orb., *Ter. crét.*, t. VI, p. 345. pl. 945 et 946.

Bardenac, Brossac, St-Séverin, Aubeterre, Royan.

— **acutus**, Agas., d'Orb., *Ter. crét.*, t. VI, p.347, pl.747.

Lavalette, Royan, Lalinde, Trélissac.

— **ovum**, Agas., d'Orb., *Ter. crét.*, t. VI, p. 349, pl. 948.

Coze, Saintes.

Ananchytes ovata, Lam., t. III, p. 25, n° 1.

Echinocorys vulgaris, Breynius, d'Orb., *Ter. crét.*, pl. 804–808.

Ananchytes Gravesii, Desor, *Cat. rais.*, p. 136.

A. gibba, Lam., t. III, p. 25, n° 3.

A. striata, Lam., p. 25, n° 2.

A. conica, Agas., *Cat. syst.*, p. 2.

Cette espèce, qui présente plusieurs variétés, a été recueillie à Aubeterre, aux Essards, à Lavalette, à Blanzac, à Barbezieux, à Segonzac, à Bonneuil, à Royan, dans la Dordogne et la Charente-Inférieure.

Offaster pilula, Desor, *synops.*, p. 334.

Ananchytes pilula, Lam., t. III, p. 27, n° 44.

Holaster pilula, Agas., *Cat. rais.*, p. 435.

Cardiaster pilula, d'Orb., *Ter. crét.*, t. VI, p. 126., pl. 824.

Barbezieux, Essards.

Casdiaster ananchytis, d'Orb., *Ter. crét.*, t. IV, pl. 826, Desor, *Synops.*, pl. 39.

Spantangus granulosus, Goldf., *Petr. Germ.*, pl. 45, f.3.

Aubeterre, Lanquais.

Hémipneustes radiatus, Ag., *cat.syst.*, p. 2.
> *Holaster striato-radiatus*, d'Orb., *Ter.crét.* t. VI, p. pl.802, 113, 803.
> Lanquais.

Micraster coranguinum, Agas, *Cat.syst.*, p. 2.
> Louzac, Barbezieux.

— **Leskei**, d'Orb., *Ter.crét.*, t. VI, p. 215, pl. 869.
> *Micraster breviporus.* Ag., *Cat.syst.*, p. 2.
> Louzac, Lavalette.

— **integer**, d'Orb., *Ter.crét.*, t. VI. p. 219, pl. 902.
> Royan, Barbezieux.

Hemiaster prunella, Desor, *Cat.rais.*, p. 122, d'Orb., *Ter.crét.*, t. VI, p. 242, pl. 884.
> *H. nucula*, Desor, d'Orb.. *Ter.crét.*, pl. 891.
> Aubeterre. Barbezieux.

— **Koninkii**, d'Orb., *Ter.crét.*, t. VI, pl. 885.
> Aubeterre.

— **breviusculus**, d'Orb., *Ter.crét.*, t. VI, pl. 888.
> Aubeterre.

— **Moulinsi**, d'Orb., *Ter. crét.*, t. VI, pl. 883.
> *H. bucardium*, Desor, *Cat.rais.*, p. 123.
> Royan, Lanquais.

Pentetagonaster stratiferus, d'Orb., *Prodr.*, p. 274, n° 1260.
> *Asterias stratifera*, Desmoul., *Act. soc. linn. de Bordeaux*, t. VI, pl. 2, f. 8.
> Barbezieux, Lavalette, Royan, Mortagne, Lanquais.

— **chiliporus**, d'Orb., *Prodr.*, p. 274, n° 1261.
> *Asterias chilipora*, Desmoul., *loc. cit.*, pl. 2, f. 5.
> Talmont.

— **Moulinsii**, d'Orb., *Prodr.*, t. II, p. 274, n° 1262.
> Lanquais.

— **punctulatus**, H. Coq.
> *Asterias punctulata*, Desmoul., *loc.cit.*
> Saintes.

Bourgueticrinus æqualis, d'Orb., *Crinoïd.*, pl. 17, f. 10-12.
> Aubeterre.

— **ellipticus**, d'Orb., *Crinoïd.*, pl. 17. f. 1-9.
> *Apiocrinus ellipticus*, Miller.
> Toutblanc, Merpins, à la base de l'étage.

Zoophytes.

Cyclolites cancellata, d'Orb., *Prodr.*, t. II, p. 275, n° 1277.
> *Fungia cancellata*, Goldf., *Petr.Germ.*, pl. 14. f. 5.
> Royan.

Cyclolites cupularia, d'Orb., *Prod.*, t. II, p. 275, n° 1280.
Royan, Lanquais, Barbezieux.
Diploctenium subcirculare, Edw. et Haim., *Ann.sc.nat.*, t. X. p. 246, pl. 6, f. 4.
Royan.
— **lamellosum**, d'Orb., *Prodr.*, t. II, p. 277, n° 1294.
Royan.
Aplosastrea gemminata, d'Orb., *Prodr.*, t. II, p. 277, n° 1297.
Astrea gemminata, Goldf., *Petr.Germ.*, pl. 23, f. 8, a, b, d.
Royan.
Astrea royana? d'Orb., *Prodr.*, t. II, p. 277, n° 1504.
Royan.
Ceriopora subdichotoma, d'Orb., *Prodr.*, t. II, p. 278, n° 1322.
Royan.
— **cryptopora**, Goldf., *Petr. Germ.*, t. I, pl. 10, f. 3.
Saintes.
Polytrema sphæra, d'Orb., *Prodr.*, t. II, p. 279, n° 1336.
Royan.
— **urceolata**, d'Orb., *Prodr.*, t. II, p. 279, n° 1338.
Royan.
Nullipora glomerata, d'Orb., *Prodr.*, t. II, p. 279, n° 1348.
Royan.

Foraminifères.

Orbitolites media, d'Archiac, *Mém. soc. géol.*, t. II, p. 178.
Barbezieux, Bardenac, Aubeterre, Royan.
Orbitolina gigantea, d'Orb., *Prodr.*, t. II, p. 280, n° 1351.
Salles, Gimeux, Royan.
— **radiata**, d'Orb., *Prodr.*, p. 280, n° 1351.
Royan.

Amorphozoaires.

Verticillites Goldfussi, d'Orb., *Prodr.*, p. 285, n° 1463.
Scyphia verticillites, Goldf., *Petr. Germ.*, pl. 65, f. 9.
Aubeterre, Royan,
Siphonia lycoperdites, d'Orb., *Prod.*, p. 285, n° 1466.
Scyphia pyriformis, Mich., *Icon. zooph.*, pl 33, f. 1.
Aubeterre, Salles, Juillac-le-Coq, Dordogne.
Spargispongia rugosissima, d'Orb., *Prodr.*, t. II, p. 286, n° 1483.
Royan.
Cliona irregularis, d'Orb., *Prodr.*, t. II, p. 289, n° 1551.
Aubeterre.
Rhyzospongia pictonica, d'Orb., *Prodr.*, t. II, p. 286, n° 1483.
Barbezieux, St-Séverin, Lavalette.

D. ETAGE DORDONIEN.

Mollusques. — Céphalopodes.

Nautilus Dekayi, Morton, *Synops.*, *of the org. rem.*. pl. 8, f. 4.
Village des Philippeaux.

Acéphales.

Lithodomus hippuritum, H. Coq.
Espèce voisine du *L. intermedius.*
Aubeterre.

Ostrea lameraciana, H. Coq.
Longueur : 135 mm.

Coquille très-irrégulière, de forme généralement trapézoïdale, déprimée et plate, quoiqu'étant de surface inégale et tourmentée, bosselée et *gauchie* dans son ensemble. Sommet obtus, à talon extérieur oblique et fortement recourbé, se terminant dans le sens de la courbure par une expansion aliforme gaufrée. Des stries frangées se détachent du sommet de la coquille en suivant les bords externes et se perdent vers le milieu des valves. Valve inférieure adhérente sur toute sa face ; impression musculaire très-grande arrondie : têt feuilleté.

Cette espèce dont la valve inférieure est presque constamment doublée de la valve d'un autre individu soudé, est de forme et de grandeur variables ; mais la physionomie générale qu'elle conserve, son expansion uniforme, son talon recourbé, ne permettent pas de la confondre avec aucune autre espèce.

Philippeaux, près de Lamérac, Maine-Blanc, dans les bancs à *Radiolites Jouanneti* et par conséquent au-dessus des bancs à *Ostrea vesicularis.*

Rudistes.

Sphærulites Bournoni, Desmoul.. *Essai sur les Sphér.*. p. 124 :
Bayle, *Bull. soc. géol.*, t. XIV, p. 648, pl. 43, f. 1-3.
S. calceolides, Desmoul., pl. 9, f. 1.
Radiolites calceolides, d'Orb., *Prodr.* t. II, p. 260, n° 1002.
R. Hœninghausi, d'Orb. *Ter. crét.*, t. VI, pl. 565, 566 *non* 567.
Talmont, Couze, Lanquais, Saint-Mametz.

— **ingens**, Desm., pl. 10, f. 3, 3 A.
Radiolites ingens, d'Orb., *Prodr.*, t. II, n° 1001.
Couze, Saint-Mametz, Maine-Roy.

Sphærulites cylindraceus, Desmoul., pl. 4, f. 1-3.
> *Radiolites cylindracea*, d'Orb., *Prodr.*, t. II, p. 260, n° 1000.

— **Toucasi ?** Bayle.
> *Radiolites Toucasiana*, d'Orb., *Ter. crét.*, t. IV, pl. 557.
> Saint-Mametz.
> (L'espèce de Saint-Mametz diffère de la *S. Toucasi* de la Provence et est probablement nouvelle.

Radiolites Jouanneti, d'Orb., *Ter. crét.*, t. IV, p. 223, pl. 564, f. 1-2.
> *Sphœrulites Jouanneti*, Desmoul., *Loc. cit.*, pl. 3, f. 1-2.
> Philippeaux, Maine-Roy, Aubeterre, Lanquais, Saint-Mametz.

Hippurites radiosus, Desmoul., d'Orb., *Ter. crét.*, t. IV, p. 177, pl. 535, f. 4-6.
> *H. agariciformis*, Goldf., *Petr. Germ.*, p. 300, pl. 164 f. 1, c.
> *H. Lapeirousii*, Goldf., pl. 165, f. 5, a, b, c, d, e, f.
> *H. Espaillaci*, d'Orb., *Ter. crét.*, pl. 535, f. 4-6.
> Philippeaux, Maine-Roy, Aubeterre, St-Mametz.

— **Lamarkii**, Bayle, *Bull. soc. géol.*, t. XIV, p. 697.
> Beaumont (Dordogne).

RAYONNÉS. — Zoophytes.

Aplosastrea gemminata, Goldf., *Petr. Germ.*, pl. 23, f. 8.
> Maine-Blanc, Aubeterre.

Cryptocænia rotula, d'Orb., *Prodr.*, p. 277, n° 1301.
> *Astrea rotula*, Goldf., *Petr. Germ.*, t. I, pl. 24, f. 1.
> Maine-Blanc.

Synastrea filamentosa, d'Orb., *Prodr.*, t. II, p. 277, n° 1309.
> *Astra filamentosa*, Goldf., *Petr. Germ.*, pl. 233, f. 4
> Maine-Blanc.

Antinhelia elegans, d'Orb., *Prodr.*, t. II, p. 278, n° 1315.
> *Astrea elegans*, Gold., *Petr. Germ.*, pl. 23, f. 6.
> Maine-Blanc.

Ceriopora madreporacca, Goldf., *Petr. Germ.*, pl. 8, f. 3.
> Aubeterre.

— **racemosa**, Goldf., *Petr. Germ.*, pl. 8, f. 3.
> Maine-Blanc.

— **cryptopora**, Goldf., *Petr. Germ.*, pl. 10, f. 3.
> Maine-Blanc.

RÉCAPITULATION.

ÉTAGES.	VERTÉBRÉS.	ARTICULÉS.	MOLLUSQUES.						RAYONNÉS.				VÉGÉTAUX.	Total.
			Céphalopodes.	Gastéropodes.	Acéphales.	Turdistes.	Brachiopodes.	Bryozoaires.	ÉCHINODERMES.	ZOOPHYTES.	FORAMINIFÈRES.	AMORPHOZOAIRES.		
1. Gardonien..........	1	»	»	»	1	»	»	»	»	»	»	»	9	11
2. Carentonien.........	9	1	8	29	72	10	9	11	35	26	13	5	»	228
3. Angoumien..........	»	»	12	6	6	5	»	39	»	»	»	»	»	68
4. Provencien	»	»	1	7	2	6	»	»	»	11	»	»	»	26
5. Coniacien..........	3	1	2	3	20	3	4	1	5	»	»	»	»	41
6. Santonien..........	5	2	7	26	43	1	8	143	27	4	»	8	»	274
7. Campanien..........	4	»	11	41	102	8	13	106	56	11	3	5	»	360
8. Dordonien	»	»	1	»	2	7	»	»	»	7	»	»	»	17
TOTAUX.....	22	4	41	112	247	40	33	300	123	59	16	18	9	1025

Concordance des divers étages de la craie du Sud-Ouest avec ceux de la craie de l'Europe et de l'Afrique.

Pour justifier les concordances que, dans différents mémoires récemment publiés (1), nous avons admises entre les divers étages de la craie des deux Charentes et ceux des grands bassins de la Loire, de la Seine, de la Méditerranée, ainsi que de la Belgique, il nous reste à

(1) Mémoire sur la formation crétacée du département de la Charente, par H. Coquand. — Bulletin de la Société géologique de France, t. XIV. — Mémoires de la Soc. d'Émulation du Doubs, 3ᵉ série, t. II.

Mémoire sur la position des *Ostrea columba* et *biauriculata* dans le groupe de la craie inférieure, par H. Coquand. — Bulletin de la Soc. géol. de France, t. XIV. — Mémoires de la Soc. d'Émulation du Doubs, 3ᵉ série, t. II.

Comptes-rendus des séances de la réunion extraordinaire de la Soc.

signaler , à la suite de notre Synopsis , un certain nombre
d'espèces communes à ces diverses contrées et au sud-ouest
de la France, et on pourra s'assurer , par cette comparai-
son et en parcourant les écrits des auteurs qui se sont
occupés de cette question, que , non-seulement les lois de
distribution uniforme des espèces fossiles se trouvent gé-
néralisées , mais , qu'en outre , elles sont en parfaite har-
monie avec celles déduites de la stratification.

C'est là une vérité dont nous avons pu nous convaincre ,
M. Triger et moi , dans une vérification que nous avons
entreprise en commun , l'année dernière , dans les bassins
de la Loire et de la Sarthe , où , comme c'est bien connu
de tous les géologues , les divers étages de la craie se
développent avec une si grande constance et avec une
quantité prodigieuse de fossiles , depuis l'étage rothomagien jusqu'aux premières couches de l'étage campanien ,
c'est-à-dire , jusqu'à la base de la craie blanche des environs de Paris. Nous avons eu le plaisir d'y recueillir les
mêmes espèces de mollusques et dans les mêmes stations
que celles que nous avions déjà observées dans la Charente,
tout en reconnaissant que, dans la Sarthe, la craie débute
par les couches de Rouen qui font défaut dans les deux
Charentes , tandis que dans cette dernière région , la craie
supérieure est aussi complète qu'en Belgique , et que les

géologique de France à Angoulême. — Bulletin de la Soc. géol. ,
t. XIV, pag. 841-903.

Description physique, géologique, paléontologique et minéralogique du département de la Charente , par H Coquand, t 1, p. 370-538.

Synopsis des animaux et des végétaux fossiles observés dans la formation crétacée du sud-ouest de la France, par H. Coquand.— Bulletin
de la Soc. géol. de France , t. XVI, p. 945-1023.

horizons de Meudon et de Maëstricht manquent dans le bassin de la Loire, la formation s'y arrêtant au niveau de la craie marneuse ou de notre étage santonien.

Sans revenir ici sur ce que nous avons déjà écrit sur la Provence, qui présente le terrain crétacé développé sans hiatus depuis l'étage néocomien jusqu'à la hauteur de l'*Ostrea vesicularis*, qu'il nous suffise d'énoncer que, à la suite des nouvelles études que nous avons faites de ce terrain dans le courant de cette année, nous n'avons point un mot à retrancher de tout ce que nous avons avancé sur la position des couches de Rouen à la base de la ci-devant *craie chloritée*, mais que nous y avons reconnu au-dessus, malgré des dissemblances très-grandes dans le caractère pétrographique, les mêmes subdivisions paléontologiques que dans le sud-ouest de la France, c'est-à-dire, l'étage gardonien avec ses lignites; l'étage carentonien avec *Sphærulites foliaceus, Caprina adversa, Ostrea columba* et *biauriculata*, *Terebratella carentonensis*; l'étage angoumien avec *Radiolites cornu-pastoris*; l'étage provencien avec *Hippurites cornu-vaccinum* et *organisans*; l'étage coniacien avec *Ostrea auricularis*; l'étage santonien avec *Micraster bervis* et *Ostrea frons*; enfin l'étage campanien avec *Ostrea vesicularis*. Nous nous proposons, d'ailleurs, de faire ressortir ces points de ressemblance dans un travail qui sera publié prochainement et d'établir que les étages de la Charente y sont superposés à un ensemble de couches qui sont réellement notre étage rothomagien et qui ont présenté les fossiles suivants qu'on peut recueillir également à Rouen et au Mans, mais que l'on réclamerait en vain à la craie du sud-ouest, où les bancs à *Turrilites costatus* n'ont jamais été déposés.

Voici la livre de ces fossiles qu'on trouve en Provence à la base de la *craie chloritée* :

Nautilus elegans.
Ammonites varians.
— Largilliertianus.
— falcatus.
— Mantelli.
— rhotomagensis.
Scaphites æqualis.
Baculites baculoïdes.
Turrilites costatus.
Avellana cassis.
Pterocera marginata.

Pleurotomaria Mailleana.
— perspectiva.
Emarginula Santæ-Catherinæ.
Lyonsia carinifera.
Corbis rotundata.
Cardium Moutoni.
Pecten asper.
Janira quinquecostata.
Ostrea conica.
Hemiaster bufo.

L'intéressant travail (1) que MM. de Verneuil, Collomb et Triger viennent de publier tout récemment sur le terrain crétacé de l'Espagne, démontre, sans réplique, que, dans la Péninsule Ibérique, ce terrain est calqué sur le même patron que celui de la Charente; qu'il y débute, comme à l'île d'Aix, par l'étage gardonien avec lignites exploités, et qu'il s'y termine par des bancs à *Ostrea larva* et *pyrenaica* qui sont les équivalents de la craie d'Aubeterre, de Barbezieux, de Gensac (Hᵗᵉ Garonne) et de Maëstricht. C'est par inadvertance, sans doute, que mes savants collègues (p. 365), assimilent leur second étage à *Micraster brevis* à mon étage campanien. Les bancs à *Micraster brevis* forment mon étage santonien; mon étage campanien comprend, au contraire, leur troisième avec *Ostrea larva, Ananchytes ovata*, comme il est facile de s'en assurer en parcourant mes divers travaux.

Nous aurions pu étendre nos comparaisons à la Crimée et même à l'Inde, contrées dans lesquelles la craie supérieure a été également signalée ; mais, comme les documents recueillis jusqu'ici sont incomplets, nous avons

(1) Bull. Soc. géol., t. XVII, p. 333.

préféré déduire la constance des lois qui ont présidé à la distribution des animaux fossiles dans la série du terrain crétacé d'après des types connus et dont la vérification est facile à faire.

ÉTAGE CARENTONIEN.

Espèces communes avec le bassin de la Loire.

Nautilus triangularis.
Ammonites navicularis.
— Wolgari.
— Fleuriausi.
— Vieilbanci.
Globiconcha rotundata.
Nerinea monilifera.
Pterodonta inflata.
Strombus incertus.
Pterocera inornatum.
Dentalium deforme.
Cardium Guerangeri.
Mytilus ligeriensits.
— interruptus.
— inornatus.
— subfalcatus.
Lithodomus Coquandi.
Arca tailleburgensis.
— Guerangeri.
— ligeriensis.
Lima intermedia.
— varusensis.
— simplex.
— subconsobrina.
— subabrupta.
— cenomanensis.
— ornata.
Pecten virgatus.
— elongatus.
— subacutus.
Janira lævis.
— dilatata.
Avicula anomala.
Spondylus histrix.
Inoceramus problematicus.
Lucina Nereis.
Crassatella Guerangeri.
Myoconcha angulata,
Trigonia Pyrrha.
— Nereis.
Limopsis Guerangeri.
Pinna Gallieni.

Ostrea carinata.
— flabella.
— biauriculata.
— columba.
— diluviana.
— haliotidea.
— lingularis.
— Baylei.
— lateralis.
Rhynchonella Lamarckii.
— compressa.
Terebratula biplicata.
— phaseolina.
Terebratella Menardi.
— carentonensis.
Sphærulites Fleuriausi.
Caprina striata.
— costata.
Ichthyosarcolites.
Goniopygus Menardi.
Cottaldia granulosa.
Peltastes acanthodes.
Salenia personnata.
Caratomus faba.
— trigonopygus.
Catopygus columbarius.
— carinatus.
Pygurus lampas.
Archiacia santonensis.
— sandalina.
Micraster Michelini.
Holaster cenomanensis.
Hemiaster Verneuilli.
— Orbigny.
— Leymerii.
Lasmophyllia pateriformis.
Cælosmilia sulcata.
Cryptocænia Fleuriausi.
Stephanocænia littoralis.
Centrastrea cenomana,
— Michelini.

Espèces communes avec la Provence.

Nautilus triangularis.
Pterodonta inflata.
Strombus inornatus.
— incertus.
Pleurotomaria Gallieni.
Dentalium deforme.
Ostrea carinata.
— flabellata.

Ostrea biauriculata.
— columba.
Terebretella carentonensis.
Caprina adversa.
— triangularis.
Sphærulites foliaceus.
Pygaster truncatus.

Espèces communes avec l'Espagne.

Ammonites navicularis.
Nerinea Bauga.
Ostrea carinata.
Chama lævigata.
Rhynchonella contorta.

Sphærulites foliaceus.
Caprina striata.
Pygaster truncatus.
Orbitolites conica.

ÉTAGE ANGOUMIEN.
Espèces communes avec le bassin de la Loire.

Nautilus sublævigatus. — *Montri-chard.*
— Sowerbyi. — *Sarthe.*
Ammonites Geslini. — *Louvois.*
— peramplus. — *Saumur.*
— papalis. — *Montrichard.*
— Rochebruni. — *Saumur.*
— Deveriæ. — *Montrichard.*
Pleurotomaria Gallieni. — *Poncé.*

Gardium guttiferum. — *Montri-chard.*
— productum. — *Saumur.*
Venus Noueli. — *Poncé.*
Arca Noueli. — *Poncé, Saumur.*
Radiolites cornu-pastoris. — *Louvois, La Flèche.*
— lumbricalis — *Ste-Cérotte.*

Espèces communes avec la Provence.

Nautilus sublævigatus.
Ammonites Requieni.
— papalis.
— Deveriæ.
Cerithium Toucasi.
Nerinea subæqualis.

Cardium guttiferum.
Chama Archiaci.
Radiolites angulosus.
— cornu-pastoris.
Sphærulites ponsianus.

Espèces communes avec l'Espagne.

Radiolites lumbricalis.

ÉTAGE PROVENCIEN.
Espèces communes avec le bassin de la Loire.

Turritella pauperata. — *St-Paterne.*
Hippurites cornu-vaccinum. — *St-Christophe.*

Espèces communes avec la Provence.

Nerinea Requieni.
— pauperata.
— uchauxiana.
Natica Martini.

Sphærulites Sauvagesi.
— radiosus.
Hippurites cornu-vaccinum.
— organisans.

Espèces communes avec l'Espagne.

Hippurites cornu-vaccinum.

ÉTAGE CONIACIEN.

Espèces communes avec le bassin de la Loire.

Ammonites Noueli. — *St-Paterne.*
Lima semi-sulcata. — *St-Gervais.*
Trigonia longirostris. — *St-Chris-tophe.*
Janira quadricostata. — *Tours.*
Ostrea auricularis. — *Tours*, *Pro-vence.*

Hippurites sarthacensis. — *Saint-Paterne.*
Rhynchonella Bauga.— *S.-Paterne.*
Terebratula Arnaudi. — *Tours.*
Phymosoma regulare. — *Tours.*
Holectypus turonensis. — *Tours.*
Pentacrinus carinatus. — *Tours.*

ÉTAGE SANTONIEN.

Ammonites Bourgeoisi. —*Villedieu*
— polyopsis. — *Tours.*
— santonensis. — *La Flèche.*
Scaphites constrictus. — *Tours.*
Baculites incurvatus. — *Tours.*
Pleurotomaria distincta. — *Tours.*
Conus tuberculatus. — *Tours.*
Acteonella involuta. — *Tours.*
Pholadomya Esmarki. — *Aix-la-Chapelle.*
Capsa discrepans. — *Tours.*
Arcopagia circinalis. — *Tours.*
Myoconcha supracretacea. — *Vil-ledieu.*
Lima santonensis. — *St-Gervais.*
— Dujardini. — *Tours.*
— texta. — *Les Essards.*
Venus subplana. — *Tours, Aix-la-Chapelle.*
— uniformis. — *Tours.*
Mytilus divaricatus. — *Tours.*
Lithodomus contortus.— *Vendôme.*
Spondylus truncatus. — *Touraine.*
— subspinosus. — *Touraine.*
Inoceramus Goldfussii. — *Tours.*
— regularis. — *Tours.*
Plicatula aspera. — *Tours.*
Janira quadricostata. — *Tours.*
— striato-costata. — *Blois.*
Pecten Dujardini. — *Tours.*
Arca santonensis. — *Tours.*
Ostrea turonensis. — *Tours.*
— proboscidea. — *Touraine.*
— spinosa. — *Tours.*
— frons. — *Tours.*
— santonensis. — *Tours.*
— talmontiana. — *Touraine*

Rhynchonella vespertilio.—*Tours.*
— Eudesii. — *Touraine.*
Terebratula coniacensis. — *Tou-raine.*
— semiglobosa. — *Tours.*
Terebratulina echinulata. — *Tours.*
Crania ignabergensis. — *Sarthe.*
Pseudodiadema Kleinii. — *Tours.*
Phymosoma rugosum.— *Villedieu.*
— sulcatum. — *Villedieu.*
— regulare. — *Tours.*
Salenia geometrica. — *Tours.*
— scutigera. — *Sarthe.*
— heliopora. — *Tours.*
Galerites vulgaris. — *Dieppe, Rouen.*
Pyrina ovata. — *Tours.*
— ovulum. — *Tours.*
Nucleolites parallelus. — *Tours*
Discoidea excisa. — *Tours.*
Cidaris cyathifera. — *Tours.*
— vendocinensis. — *Tours.*
Holaster semistriatus. — *Beauvais*
Micraster brevis. — *Villedieu.*
Ananchytes gibba. — *Touraine, Blois.*
Hemiaster nasutulus. — *Villedieu.*
— angustipneustes. — *Villedieu.*
Bourgueticrinus ellipticus. — *Vil-ledieu.*
Siphonia Koninkgii. — *Tours.*
Ierea cupula. — *Tours.*
Marginospongia irregularis. — *St-Christophe.*
Amorphospongia ramosa. — *Tou-raine.*
Rhyzospongia pictonia. — *Tours.*

Espèces communes avec la Provence.

Ammonites polyopsis.
Turritella sex-cincta.
Nerinea bisulcata.
Natica royana.
Trochus ligeriensis.
Delphinula turbinoïdes.
Phasianella supracretacea.
Cerithium Toucasi.
Pholadomya Marroti.
Venus subplana.
Trigonia echinata.
Cardium radiatum.
Mytilus divaricatus.
Avicula pectiniformis.
Pecten royanus.
— Espaillaci.
Spondylus Dutemplei.
— subspinosus.

Lima ovata.
Janira quadricostata.
Ostrea proboscidea.
— santonensis.
— talmontiana.
— turonensis.
— frons.
— spinosa.
Sphærulites fissicostatus.
— Coquandi.
Rhynchonella difformis.
— Boreaui.
Terebratula Nanclasi.
Terebratulina echinulata.
Phymosoma rugosum.
Pseudodiadema Kleinii.
Micraster brevis.
Pentacrinus carinatus.

Espèces communes avec l'Espagne.

Spondylus truncatus.
— subspinosus.
Inoceramus regularis.
Janira quadricostata.

Rhynchonella difformis.
Ananchytes gibba.
Micraster brevis.

ÉTAGE CAMPANIEN.

Espèces communes avec Maestricht et Ciply.

Nautilus Dekayi.
Baculites Faujassi.
Natica royana.
— rugosa.
Avicula approximata.
Lima semisulcata.
— truncata.
Pecten Nilssoni.
— multicostatus.
— Dujardini.
Janira quadricostata.
— Dutemplei.
— striato-costata.
Mytilus divaricatus.
Ostrea pyrenaica.
— canalicalata.
— vesicularis.
— laciniata.
— lunata.
— harpa.
— frons.
— Mathcroni.
— subinflata.

Ostrea cornu-arietis.
— larva.
Sphærulites Hœninghausi.
Rhynchonella octoplicata.
Crania ignabergensis.
Hyposalenia heliophora.
Rhynchopygus Marmini.
Faujassia Faujassi.
Conoclypus Leskei.
Ananchytes ovata.
Cardiaster ananchytis.
Hemipneustes radiatus.
Hemiaster prunella.
— Konincki.
— breviusculus.
Bourgueticrinus ellipticus.
— æqualis.
Cyclolites cancellata.
Aplosastrea gemminata.
Ceriopora cryptopora.
Orbitollites media.
Verticillites Goldfussi.

Espèces communes avec Meudon, Chavot, Néhou, Orglande.

Lamma subulata — *M.*
Enchodus Lewesiensis. — *M.*
Pycnodus parallelus. — *M.*
Nautilus Dekayi. — *N.*
Ammonites gollevillensis.
Baculites anceps. — *N.*
Inoceramus impressus. — *O.*
— Lamarkii. — *Sens.*
Trigonia echinatula. — *Villedieu.*
Crassatella Marroti. — *Villedieu.*
Spondylus Dutemplei. — *C.*
Janira Dutemplei. — *C.*
Ostrea hippopodium. — *Pays de Bray.*
— santonensis. — *Blois.*
— canaliculata. — *C.*

Ostrea vesicularis. — *M.*
— frons. — *Louviers.*
Rhynchonella octoplicata. — *M.*
Cidaris clavigera. — *Dieppe.*
— sceptrigera. — *M.*
Phymosoma magnificum. — *M.*
Ananchytes ovata. — *M.*
Olfaster pilulus. — *M.*
Cardiaster ananchytis. — *M.*
Micraster Leskei. — *Dieppe.*
Bourgueticrinus ellipticus. — *M.*
Verticillites Goldfussi. — *N.*
Clione irregularis. — *M.*
Polytrema sphæra. — *C.*
— urceolata. — *M.*

Espèces communes avec Gensac, Tripoli, l'Algérie et l'Espagne.

Nautilus Dekayi. — *G.*
Natica rugosa. — *G. E.*
Plicatula aspera. — *A.*
Janira quadricostata. — *A. T.*
— sexangularis. — *G.*
Inoceramus truncatus. — *A.T.*
Ostrea pyrenaica. — *G.A.T.E.*
— santonensis. — *A.*
— vesicularis. — *G. A. E.*

Ostrea talmontiana. — *A.*
— cornu-arietis. — *A.*
— Owerwegi. — *A. T.*
— Matheroni. — *A.*
— larva. — *G A E.*
Ananchytes ovata. — *E.*
Hemipneustes radiatus. — *G. A.*
Orbitolites media. — *G. E.*

ÉTAGE DORDONIEN.

Hippurites radiosus. — *Maestricht.*
Radiolites Jouanneti. — *M.*
Aplosastrea gemminata. — *M.* Laversines.
Cryptocœnia rotula. — *M.*, Laversines.

Pynastrea filamentosa. — *M.*
Antihelia elegans. — *M.*
Ceriopora madreporacea. — *M.* Laversines, Vigny.
— racemosa. — *M.*, Laversines.
— cervicipora. — *M.*

——oo:⊙:oo——

OUVRAGES DU MÊME AUTEUR

Chez MM. CAMOIN Frères, Libraires, à Marseille.

www.ingramcontent.com/pod-product-compliance
Lightning Source LLC
Chambersburg PA
CBHW071902200326
41519CB00016B/4491